U0325044

獭兔
科学养殖技术

TATU KEXUE YANGZHI JISHU

赵 超 谷子林 主编

中国科学技术出版社
·北 京·

图书在版编目（CIP）数据

獭兔科学养殖技术 / 赵超，谷子林主编 . —北京：
中国科学技术出版社，2017.1（2017.12）
ISBN 978-7-5046-7379-4

Ⅰ.①獭… Ⅱ.①赵… ②谷… Ⅲ.①兔—饲养管理
Ⅳ.① S829.1

中国版本图书馆 CIP 数据核字（2017）第 000927 号

策划编辑	乌日娜	
责任编辑	乌日娜	
装帧设计	中文天地	
责任校对	刘洪岩	
责任印制	徐　飞	

出　　版	中国科学技术出版社
发　　行	中国科学技术出版社发行部
地　　址	北京市海淀区中关村南大街16号
邮　　编	100081
发行电话	010-62173865
传　　真	010-62173081
网　　址	http://www.cspbooks.com.cn

开　　本	889mm×1194mm　1/32
字　　数	158千字
印　　张	6.75
版　　次	2017年12月第1版
印　　次	2017年12月第2次印刷
印　　刷	北京威远印刷有限公司
书　　号	ISBN 978-7-5046-7379-4 / S·604
定　　价	22.00元

本书编委会

主编

赵 超　谷子林

副主编

郅永伟　刘亚娟　陈赛娟　谷新晰

陈宝江　周松涛　李海利　巩耀进

编著者

（按姓氏笔画顺序）

王文强　王志恒　王 荣　王圆圆

卢海强　刘 涛　孙利娜　李 冲

李素敏　杨冠宇　杨翠军　吴峰洋

贾海军　倪俊芬　郭万华　黄玉亭

董 兵　蔺海军　霍妍明　戴 冉

魏晓波　魏 尊

Preface 前 言

　　獭兔是一种以皮为主,皮肉兼用型家兔。在三大家兔中(肉兔、毛兔、皮兔)尽管在我国起步最晚,但发展速度最快,成为养殖数量超过毛兔仅次于肉兔的第二大家兔经济类型。随着我国经济的发展以及家兔养殖科研的开展,獭兔养殖业发生了深刻的变化。主要表现在:养殖方式由传统的副业型为主转变为以专业养殖为主多种养殖形式并存的局面;养殖规模由零星的散养转变为基础母兔300~500为主体的规模化养殖为主;分布区域在以往以扶贫为主的老、少、边、穷地区扩大到经济发达地区;生产形式由单一养殖发展为产、供、销一条龙。我国的獭兔养殖正逐渐地走向商业化、健康发展的良性循环。

　　虽然我国獭兔养殖业的发展取得了巨大的成就,但是面临的形势依然严峻。突出表现在:獭兔养殖从业人员科技水平低,养殖方式相对落后,缺乏统一的饲养标准,生产中普遍存在随意性、盲目性;管理粗放、生产效率低下;环境控制条件差,饲养小环境恶化,疾病多发;长期以来缺乏引种、育种观念,导致獭兔品种退化、皮张质量差、经济效益低下等问题。

　　回顾我国獭兔发展的历程,始终与扶贫开发密切相关。事实上,獭兔产业为众多的贫困农民脱贫致富发挥了重大作用。目前,全党全国都在落实习近平主席提出的"精准扶贫"的指示,很多地区将獭兔产业列入"精准扶贫"工作中。为使獭兔产业在实施"精准扶贫"过程中发挥更大的作用，我们编写了这部著作。全书主要包括獭兔的生物学特性、兔场选址和建设、獭兔繁殖、遗传育种、营养和饲养管理、疾病预防、产品加工、精准扶贫的案例与实践等几个部分。

在此需要说明的是，内蒙古东达蒙古王集团 2005 年启动发展獭兔产业的"移民扶贫工程"，将本地乃至全国 20 多个省、市、自治区的 3 000 多个贫困家庭安置在"风水梁"（当地一个沙漠区域），建设成一个美丽的移民扶贫新村。他们组建了东达生物科技公司，成立了内蒙古东达獭兔循环产业研究院，并承担了内蒙古自治区重大科技专项"獭兔循环产业化集成技术的研发与示范"，积极开展獭兔扶贫相关技术的研发工作。经过十余年的实践，目前已经成为中国最大的獭兔养殖基地。众多的贫困农民通过獭兔养殖脱贫致富，涌现出很多致富的典范。为增强实战性和可读性，本书将该典型事件作为发展獭兔产业"精准扶贫"的案例。

在编写过程中，编者力求实用性、先进性、科学性并重，内容既包括多年来从事獭兔养殖积累的经验和做法，收录了编著者多年的科研成果和研究心得，又借鉴了国内外众多专家学者的宝贵资料，并密切联系当前生产实践，引入当下最新生产技术。但由于时间紧、编著者水平有限，书中难免存在不足之处，敬请读者批评指正。

编著者

Contents 目 录

第一章
概　述

一、我国獭兔养殖业的发展现状

（一）发展历程与主要成就

獭兔，即力克斯兔，是一种典型的皮用兔。因其皮毛酷似珍贵的毛皮兽——水獭，故我国多称其为獭兔。1919年在法国一个名叫"卡隆"的牧场主家的一窝灰兔中，产生了一只短毛多绒的后代，恰巧与此同时，在另一窝也生出一只同样的异性小兔。一个名叫"吉利"的神父买下了全部突变个体，经过几代的繁殖扩群和选育，自成体系，被命名为"rex rabbit"，即兔中之王的意思。

最初育成的力克斯兔，背部绒毛呈浓厚的红褐色，到体侧颜色渐淡，腹部基本为浅黄色，很像海狸，所以称作海狸力克斯兔或海狸色力克斯兔。1924年，力克斯兔在法国巴黎国际家兔展览会首次展出，受到养兔界人士的高度评价，引起轰动效应，迅速扩展到世界上多个国家。20世纪30年代后，英国、德国、日本和美国等国家和地区相继引入饲养，并培育出许多其他色型。在英国得到认可的有28种色型，在美国有14种色型。

20世纪50年代初期我国从苏联引进獭兔，分布在北京饲养繁殖,以后相继在河北、山东、河南、吉林等10多个省市推广。但是,由于缺乏科学的技术指导和明确的繁育目标,杂交乱配严重,致使品种严重退化,皮张质量下降。特别是由于没有进行兔皮残品开发利用,致使这批优种没有发挥出优势而消亡;1979年,港商包起昌为了支援家乡建设,从美国引进200只獭兔,在浙江定海饲养;1980年中国土畜产进出口公司从美国引进獭兔2 000余只;1984年农业部从美国引进800余只,分别投放在北京、河北、浙江、辽宁、吉林、山东、江苏、河南、安徽等10余个省市;1986年,中国土畜产进出口公司又接受美国国泰裘皮公司免费赠送的獭兔300只;此后,全国不少省市自发从国外引种,主要是从美国引种,据不完全统计,引进数量约5 000只。1997年,我国香港万山公司从德国引进獭兔300只,1998年山东荣城玉兔公司从法国引进獭兔200只。至此,我国已经从国外引入大量的獭兔,血统主要来自美国,其次为德国和法国。

我国獭兔的养殖尽管已有60多年的历史,但是从20世纪90年代中后期才进入快速发展的轨道。在此之前,獭兔养殖的规模较小,产品开发基本是空白,獭兔皮国内加工能力有限,基本是原皮出口,受到国际市场的制约。更重要的是,不少地区炒种、倒种盛行,并没有开展新品种的选育,生产中不注重选种选配,致使品种退化严重。特别是对獭兔的认识肤浅,其营养需要没有标准,参照肉兔标准设计饲料配方,造成营养不良,管理粗放,兔皮质量较差,合格兔皮甚微。20世纪90年代中后期,不少地区逐渐提高了对獭兔养殖意义的认识,将饲养獭兔作为广大农村脱贫致富的途径,有的列入国家或地方科技部门的星火计划。

1995年河北省将发展獭兔养殖列入重点科技攻关计划,由河北农业大学谷子林教授率领的科研团队承担的"獭兔养殖及产业化技术研究"课题,针对獭兔养殖中存在的问题,开展系统的研究工作。特别是摸清了獭兔被毛密度、细度、粗毛率和皮板厚度的变化规律；研究了獭兔被毛密度的简易测定方法；推导出獭兔体重与体表（即皮张）面积的相关公式；拟订出獭兔指数选择公式；探讨了獭兔增长速度、被毛密度和营养（主要是蛋白质营养）的关系；根据地方性饲料资源，设计出全价饲料配方；并对影响獭兔幼兔成活率最为严重的球虫病进行较深入的研究，研制出特效抗球虫药物——"球净"；对发病率较高的传染性鼻炎进行了发病规律的研究，并研制了特效药物——"鼻肛净"；对獭兔集中饲养期大批死亡的棘手问题进行了有效控制；以"公司＋农户"的形式，扶持龙头，发展基地，注重产品开发，狠抓技术培训等，解决了一家一户难以解决的一系列问题，初步探讨出獭兔养殖的新路子，有力地推动了河北省獭兔养殖业的发展，并对周边省市起到一定的引导和辐射作用。该项技术成果于 1998 年 10 月通过专家鉴定，1999 年获得河北省山区创业奖（等同于科技进步奖）二等奖。

　　此后，河北省扶持以谷子林教授为首的河北农业大学科研团队，独立或与河北省畜牧兽医研究所等单位合作，开展多项课题研究，涉及獭兔育种、繁殖，营养、饲料、环境控制，以及疾病防治等。其中，与临漳县开展合作的"獭兔品种繁育及发展研究"，2000 年获得河北省科技进步奖三等奖；与河北省畜牧兽医研究所合作开展的"獭兔生产配套技术"，2000 年获得河北省科技进步奖二等奖，与张家口阳原县合作的"提高商品獭兔质量及产业化"，2003 年获得河北省科技进步奖一等奖，"皮兔新品种（系）选育技术""家兔低碳高效健康养殖技术"分别于 2012 年和 2014 年获得河北省科技进步奖（或山区创业奖）二等奖，"植酸酶在獭兔日粮中的应用""断奶仔兔低纤维型腹泻发生机制及生物调控""山区家兔规模化生态养殖技术研究与示范""家兔生物饲料及中草药下脚料资源开发和饲料配方库建立及应用技术""山区生态养兔技术集成与应用"等项目，获得河北省科技进步奖（或山区创业奖)三等奖。

与此同时,四川省草原研究院和山西省畜牧兽医研究所在獭兔的研究方面也得到国家和当地科技部门的大力支持。其中,以刘汉中研究员为首的四川省草原科学研究院科技团队完成的"白色獭兔 R 新品系选育研究",2002 年获得四川省科技进步奖一等奖,"四川白獭兔良种良法示范推广"项目,2005 年获得农业部丰收奖二等奖,同年,"獭兔产业化技术开发研究与示范"项目获得四川省科技进步奖三等奖,"优质獭兔高效养殖技术集成与产业化示范"2008 年获得四川省科技进步奖二等奖,"獭兔新品系选育及产业化"获得农业部中华农业科技奖三等奖。以任克良研究员为首的山西省畜牧兽医研究所科研团队,先后开展了獭兔的多项研究工作,其中"皮用兔饲养标准及预混料研究与应用"和"獭兔集约化饲养关键技术研究与应用推广",分别于 2007 年和 2012年获得山西省科技进步奖三等奖和二等奖。

此外,全国很多省市对獭兔进行了研究和技术开发工作,取得了显著成绩。特别是在兔皮的加工和销售方面,取得了新进展。河北华斯农业开发股份有限公司,开展包括獭兔在内的毛皮深加工和裘皮服饰的制造,集"原料收购—鞣制加工—染色加工—服饰设计生产—销售贸易"完整产业链条于一身,成为国内裘皮行业的领军企业。该企业完成的"裘皮优化加工技术开发"项目,2011 年获得河北省科技进步奖三等奖。在兔肉的深加工方面,以青岛康大、四川哈哥等企业为代表,开发了系列兔肉产品,为兔肉在国内市场的销售,为促进中国獭兔产业化进程,发挥了积极作用。

目前,我国獭兔养殖尽管在家兔的三大经济类型中(肉兔、毛兔、皮兔)起步最晚,但分布区域广泛,国内除西藏之外的其他省市自治区,不仅经济欠发达的山区和偏远地区,就连经济较发达的浙江、江苏等省也成为獭兔养殖的主要产区之一。其饲养区域的广泛性,远远超过了长毛兔。獭兔养殖的规模化程度,也基本与肉兔平起平坐,毛兔与之相比是望尘莫及的。据不完全统计,我国獭兔年存栏量 0.6 亿只左右,年出栏约 1.2 亿只,年总饲养量接近 2 亿只,成为世界獭兔养殖的第一大国,是獭兔皮产量、加工量和獭兔皮制品出口的第一大国。獭兔养殖使很多农民脱贫致富,为地方经济建设做出了突出贡献。

(二)我国獭兔养殖产业的主要特点

1. 以中等规模为主体,饲养规模逐渐扩大 "家养三只兔,解决油盐醋"的时代已经成为历史,代之以 200～500 只基础母兔为主体、规模不断扩大的局面。数千只、上万只的獭兔种兔场在多个地区应运而生,年出栏几十万只的兔场已不罕见。投资养殖獭兔的主体由过去的农民扩展到企业家,从事养兔的成员由纯粹的农民和以脱贫为目的的副业型,转变为以农民为主体,退休人员、下岗职工、转岗人员、兼职人员和跨行业经营的企业老板等多种成分共存的专业型。特别是那些具有相当经济实力的跨行业经营的企业的参与,形成了以往少有的规模化经营趋势。

2. 以中原地带为中心,饲养区域不断扩展 獭兔养殖起初主要在中原地带,传统观点认为毛皮动物适合较寒冷的地区,因此南方地区的起步相对较晚。但是,经过多年的探索,獭兔养殖不仅在北部省份大力发展,南方诸多省市发展也很快。不仅在老少边穷地区养殖,经济较发达的地区如浙江省,以往为毛兔的主产区,近年来獭兔异军突起,与毛兔平分天下。实践证明,南方地区不仅可以养殖獭兔,只要选育优良品种,提供全价营养,良好的环境条件和管理技术,其质量完全可以达到优质标准。

3. 以肉兔为主流,三种经济类型交织混合 家兔按照经济类型大略划为三种,即肉用、皮用和毛用。由于受市场、加工和消费市场的影响,以往在一个地区以一种类型为主,其他经济类型较少。比如,四川等西南地区以肉兔为主,浙江等南方地区以毛兔为主,河北等地区以獭兔为主。但是,经过多年的市场调控,这种格局已经被打破,出现了三种经济类型家兔相互交织、三兔共同发展的新局面。比如,山东省、河南省、四川省、江苏省、安徽等省,均出现了肉兔、毛兔和獭兔全面发展的情况。而其他地区,也不同程度地出现了三种或两种家兔协调发展,百花齐放、百家争鸣的多元化发展新格局。

4. 以中间型养殖为基础,工厂化养殖成分逐渐增强 市场的多次起伏,大浪淘沙,一些技术和经济实力没有竞争优势的小型养兔场逐渐退出。就目前而言,将养兔以科技含量和投资进行划分,大体可分为传统型、中间型和现代型。目前,我国獭兔养殖总体是以中间类型为主,三种成分并存。传统养殖逐渐减少,现代型养殖企业逐渐上升。即便是中间类型,也逐渐借鉴现代养兔企业的经验,不断改善饲养环境,提高饲养技术,提高养殖效益。

5. 以中低档兔皮为主,质量差异较悬殊 尽管我国目前的獭兔养殖数量庞大,但总体而言,獭兔皮质量不容乐观。根据笔者调查,以中低档兔皮为主,优质兔皮(指特级和一级)比例甚微。比如,2013 年某企业收购皮张 815 569 张(并无选择性收购),其中特等皮 3 张,一等皮 1 988 张,二等皮 10 963 张,三等皮 488 216 张,四等皮 30 777 张,等外皮 6 628 张,分别占全年收购皮张的比例为(％)0.00037、0.24、1.34、59.86、37.74 和 0.81。

6. 市场走势上行为主,周期性波动依然如故 从獭兔进入我国市场的几十年,市场走势基本上是波折性上升,没有因为养殖数量的不断增加而价格跌落。这是因为饲养成本的不断增加,特别是獭兔皮产品开发和市场的不断扩大所致。经过科学家与企业家的共同努力,国内外消费者对獭兔产品的接受程度不断提高。但是,这种上升并非是直线,而是曲线或折线上升。周期性的波动从来没有停止过,其基本规律可以概括为:5 年左右 1 个大的周期,2.5年左右1个小的周期。每年有几次波动,一般正常年景夏季进入低谷,秋后渐升,冬季和早春最高,此后下降。

7. 经济类型以皮为主,皮肉兼用特色鲜明 獭兔是一种典型的皮用兔,优质的皮毛制品受到消费者的青睐。但是,獭兔是肉兔的突变种,除了兔皮明显不同于肉兔以外,其肉的质量与肉兔没有什么明显区别。相反,由于獭兔的饲养周期略长,其肉的质地更加致密,口感更好,出肉率更高。因此,獭兔肉的价值不可低估。一般来说,一只獭兔价值60元,其中皮张40元,肉20元。也就是说,肉的价值占到总价值的1/3。因此,獭兔的皮肉兼用特色非常明显,饲养前景更加广阔。

(三)我国獭兔产业的发展趋势

1. 注重被毛品质,兼顾兔肉产量,品种大型化 獭兔是典型的皮用兔,皮毛质量是獭兔的生命。饲养劣质被毛的獭兔没有任何意义,还不如直接饲养肉兔。因为肉兔的产肉性能远远高于獭兔。但是,獭兔是肉兔在被毛位点上的突变体,尽管其有优质的被毛,同时其肉质与肉兔没有什么明显差异。因此,其肉的价值不可忽视。要想获得皮肉价值双丰收,一方面被毛质量好(密度、细度、平整度),另一方面皮张面积大。研究表明,体重越大皮张面积越大。因此,獭兔品种大型化是发展的趋势。所谓大型化,并非越大越好。种兔体重4千克左右为最佳体重。

2. 环境保护形势严峻,皮毛染色污染严重,彩色獭兔大有可为 目前,我国饲养的獭兔被毛颜色基本全部是白色,在制作服装服饰前需要染色。而染色需要大量的化学染料,对环境造成严重污染。同时,化学染色剂对服装消费者的健康不利。从环保角度考虑,彩色獭兔更有利。从目前的国际服装潮流看,青睐纯天然彩色成为发展的趋势。特别是随着经济的快速发展,环保意识和保健意识的逐渐增强,这种趋势将变得越来越明显,对纯天然彩色獭兔皮的需求越来越强烈。

3. 单兵散将作战难以生存，农民专业化组织化程度逐渐提高
长期以来，我国农民养兔习惯于独立性，自己养殖自己的兔子，不参加任何组织。尤其是边远地区和市场周边的兔场，表现尤为突出，产品依靠小商小贩收购，随行就市，任人宰割。尽管有无尽的怨言，但似乎无法摆脱这种被动的局面。因此，遇到市场波动而不能支撑，便倒闭关门。随着一些大型龙头企业的兴起，农民合作组织的出现，越来越多的兔农加入这些组织。目前，主要有两种基本组织形式：龙头企业（公司）+农户和农民专业合作社。组织起来的农民，较单一散的养殖户相比，有了靠山，抵御市场风险的能力加强，产品有了销路，利益得到一定的保障。

4. 规模发展为主流，多种养殖规模共存 目前，我国兔业正处于一个由粗放型向集约化、由家庭副业型向专业化、由传统型向科学化、由零星散养型向规模化方向发展的过渡时期。规模化养殖已经成为世界养兔发展的必然趋势，这种趋势近年来越来越明显。但是，我国是一个自然环境复杂、经济发展极不平衡的国度，从业人员背景不一，养殖形式千差万别，使得投资规模不尽相同。尽管规模化养殖是发展的趋势和必然，但是，以基础母兔200~500只为主体，出现多种模式和规模共存的局面。伴随着技术的进步、市场的发展、产业的逐渐成熟，规模化兔场将会越来越多，零散养殖场的数量逐渐减少，家兔出栏量逐渐增加。不同规模的兔场将长期并存相互补充，形成中国特色的百花齐放、百家争鸣的繁荣景象。

5. 劳动力成本压力剧增，集约化养殖模式将被逐渐接受或消化吸收 养兔规模化是表现形式，工厂化养殖是实质。以同期发情、同期配种（人工授精）、同期产仔、同期断奶、同期育肥和同期出栏为特征的工厂化养殖模式，将逐渐在中国规模化兔场得到实施，也逐渐或多或少地被中小型规模兔场所消化吸收，以改善生产状况,提高科技含量。与传统养殖模式相比,工厂化养殖需要一定的投入,但需要更少的劳动力,生产效率更高,效益更大,能最大限度地接受新技术、新产品、新成果,最大限度地解放生产力、发展生产力。伴随着劳动力资源供应的减少,工人工资的不断增加,劳动力成本压力使劳动密集型产业倍感压力,甚至由于劳动力成本的剧增而无法维系。中国近年来的养兔实践充分证明了这一问题,发达国家的经验和教训也早已说明这一问题。

6. 内销和外销相互促进,两个市场同步开发 獭兔皮制品,属于中高档消费品。中国是世界上第一獭兔养殖大国,也是獭兔皮最大的出口国和獭兔皮服装的最大出口国。就此而言,世界离不开中国,中国也离不开世界。国际市场是中国獭兔皮制品的主要销售市场。但是,随着我国人民生活水平的提高,消费意识的不断增强,獭兔皮制品,特别是服装国内市场的消费会越来越多,前景广阔。因此,在未来,内销外销两旺的局面将长期存在,两个市场同步开发缺一不可。

7. 兔皮服装新的款式不断涌现,兔肉深加工和大众消费潜力巨大 獭兔皮服装服饰获得消费者青睐,关键在于产品开发的理念创新,款式新颖,顺应当代消费者的心理。同样的皮张,制作不同款式的服装,其受欢迎程度有很大的差异,销售价格不言而喻。因此,各相关服装加工厂致力于服装款式的创新,新的产品将不断推向市场、占领市场。而獭兔肉与肉兔的肉没有本质的区别,其市场潜力巨大。制约獭兔肉开发的主要原因是多数地区没有形成消费习惯,甚至在一定程度上排斥。解决兔肉的消费,除了加大宣传力度以外,首先要进行兔肉的深加工,实现增值增效;其次,要引导消费。目前我国开发的兔肉产品,以礼品形式或以休闲食品形式为主。而大规模消费,提高国人的消费水平,为中国兔肉生产解决永久性消费出路,必须把兔肉产品变成居民的日常消费形式,在这方面大有文章可作。首先,要向大众传授兔肉烹饪知识和技术,让他们学会如何做出好吃的兔肉菜肴;第二,要开发一些方便半成品,减少消费者制作兔肉菜肴的前期复杂工序;第三,健全销售网络,方便大众购买。当然,建立健全合理的价格体系,让消费者感到物有所值、物美价廉,也是不可忽视的问题。

二、农村发展獭兔养殖业的重点与难点

(一)农村发展獭兔养殖业的优势条件

农村是一个广阔的天地,发展獭兔生产具有得天独厚的条件。

首先,人力资源丰富。养殖獭兔没有剧烈的劳动强度,老人、妇女、学生,甚至残疾人员均可以参与。同时,养兔的劳作时间特殊,因家兔具有昼伏夜行的习性。饲养家兔一般每天喂料2次,只有饮水即可,可在早晨6点和傍晚操作,正好与农活时间错开。因此,一些家庭可以将獭兔养殖作为工余时间的致富项目。

其次,饲草饲料资源丰富。农村具有广袤的土地,野生饲草资源极其丰富,农作物秸秆和树叶资源随处可见,农副产品下脚料以及剩余粮食数量可观,均可以用来喂兔,以节约成本、提高效益。

第三,场地资源丰富。獭兔起步阶段,规模较小,一般的庭院均可利用。根据笔者调查,普通农家庭院和闲散房屋,均可饲养基础母兔30只左右,无须额外征地建场。

第四,饲养经验丰富。养兔是农村传统的养殖项目,是过去农家解决零花钱的重要经济来源。不过以往多饲养的是肉兔和毛兔。但是,不同类型兔子生活习性相同,营养需求和产品特点各有差异。只要有一定的肉兔或毛兔养殖基础,獭兔养殖非常容易入门。对于没有饲养经验的农民,可向本村或附近养兔人家学习和效仿会很快掌握。

第五,坚毅勤奋,吃苦耐劳。农民在长期的生存磨炼中,形成了坚毅勤奋、吃苦耐劳的朴素性格和风格。养兔需要一定的耐力和韧性,需要吃苦耐劳。因此,养兔更适合农村家庭。

第六,有一定的零散资金。农民勤劳致富,家家户户均有一定的资金积累。尽管一些家庭的闲散资金不多,但是起步阶段的獭兔养殖还是可以支撑的。

(二)农村发展獭兔养殖业的难点与问题

根据本人长期深入农村獭兔养殖场所了解的情况,目前,农村发展獭兔养殖存在的主要问题与困难有以下几点。

1. 饲养规模小,多年停滞不前　由于农民的小农意识较浓厚,胆小怕事,患得患失,很多农家兔场多年养殖,但规模始终不大,存在"小富即安"的心理。怕扩大规模投资过大,市场低潮没有利润。由于规模小,养兔收入有限,不能将这种副业性的小规模养殖适时跨越到大规模专业化养殖。在生产中表现不敢投资,不敢使用现代技术和高科技产品。比如:在购买饲料时,以价格论优劣,往往选择更便宜的饲料;在设备的投资方面,因陋就简,凑凑合合,设备难有改进,环境难有改善,饲养效果难有突破。因此,对于獭兔养殖的重视程度随着市场的疲软而淡化,甚至有朝一日退出这一行业,使多年积累的经验和辛苦付诸东流。

2. 养殖技术落后,出栏率较低　很多农民养兔,技术获得的主要途径是模仿和街坊邻居或亲朋好友的言传。根据本人几次到农村技术培训的调查数据表明,95%以上的养兔者没有参加过专门的技术会议或技术培训会,90%以上的养兔者不能利用网络,80%以上的养兔者没有购买养兔书籍、光盘、订阅专业报纸和杂志,因此其养兔技术提高是很慢的。在生产中的具体表现就是配种受胎率低、产仔率低、仔兔断奶率低、育肥出栏率低;饲料消耗高、出栏时间长、皮张质量低档率高。最终结果就是效益低。

调查表明,一般兔场,一只母兔年繁殖6.5胎左右,胎均产仔数7只左右,年繁殖数量为45~46只。按照正常情况,总成活率应该在80%以上,也就是说,一只母兔年出栏商品獭兔36只以上。而事实上,多数兔场1只母兔年提供商品獭兔只有25只左右,总成活率54.55%。此外,对獭兔的换毛规律认识不足,没有掌握活体验毛技术,生产的兔皮"盖皮"比例较高,严重影响售价。技术落后表现在方方面面,比如选种技术、饲料配合技术、配种技术、母兔管理技术、仔兔管理技术、商品兔育肥技术、环境控制技术和疾病防控技术等。

3. 散兵作战,组织化程度不高 对于绝大多数农村獭兔养殖场,都是独立的个体,自己养殖自己的兔子,与外界的合作和联系甚少。以河北省为例,据调查,参加专业合作组织的养兔户不足10%。而这种散兵作战的方式,本来自己的经济实力和技术实力不强,信息不灵通,身单力薄,孤苦伶仃,在商品生产的大环境下没有回旋余地,难有大的作为。遇到市场低潮或销售困难情况,饲养成本增加,产品难以出手,不是苦苦支撑,就是被迫倒闭。

4. 品质退化严重,优质皮张甚微 一家一户的农村家庭獭兔养殖场,绝大多数引种非正常渠道,主要从街坊邻居或亲朋好友的兔场购买一些,自繁自养。一方面由于规模不大,小群体不可避免的产生近亲繁殖而造成衰退,特别是没有专业知识和选种育种意识,在短期内造成群体的严重退化现象,出现一代不如一代、一窝不如一窝,遗传性疾病频发。另一方面,尽管付出不少心血,但饲养效果越来越不理想,最终表现在兔皮质量上,被毛整齐度差,被毛密度小,粗毛率高,换毛慢,出现不规则换毛和拖延换毛现象,严重影响皮张质量。

5. 防疫意识淡薄,疾病比较严重 很多农村家庭兔场,在疾病防控方面,理念落后,技术落后。首先,忽视预防,重视治疗;其次,对于如何预防,心中无数,措施不力;第三,对于疾病的诊断,缺乏基础知识,诊断不准,盲目用药,滥用药物;第四,对于出现的病情,不能分析病因,不能把握关键点,往往胡子眉毛一把抓,费力不少,效果不佳。生产中獭兔主要发生的疾病,按发病率、死亡率和损失程度的次序大体为:肠炎(包括大肠杆菌病、魏氏梭菌病等)、球虫病、呼吸道疾病(包括肺炎和传染性鼻炎等)、霉菌毒素中毒、兔瘟、附红细胞体病、葡萄球菌病(包括乳房炎、仔兔黄尿症和脓毒败血症、皮下脓肿等),以及个别兔场的疥癣病和皮肤真菌病等。

6. 信息闭塞,难与市场无缝连接 农村家庭兔场,其投资主体为农民,饲养管理为农民。对于多数从事獭兔养殖的农民而言,埋头养兔似乎为其天职,其他事情关心甚少。根据调查,上网获取信息的人所占比例不足 15%,订阅报纸和杂志的人不足10%,参加专业会议的人更少。他们获得信息的途径主要是通过手机咨询邻近的兔场和朋友,再者就是从上门收购兔子的贩子口中获得。而这些信息往往是道听途说,或过时的,甚至是错误的。对于市场变化,很难第一时间获知,对于发展趋势,难以靠自身的能力进行科学预判。因此,很难主动调整计划方案,以适应市场。

(三)农村发展獭兔养殖业的重点

党和国家十分关心关注和支持"三农"问题。作为农民脱贫致富的优选项目——獭兔养殖业,确实为增加农民收入做出了很大贡献。但是,由于农村环境条件、经济条件的特殊性,农民知识结构和接受新鲜事物能力的限制,目前农村发展獭兔养殖业还有很多困难。在今后工作中,扶持农村发展獭兔养殖业的重点应该注重以下几点。

1. 技术 由于农民文化水平和知识结构的特殊性,在养兔技术方面还不能适应现代化大生产的需要。传统模式养殖獭兔,生产效率和产品质量不佳,因此,全面提升农民的养殖技术应该列入首要位置。针对农民獭兔生产中存在的主要问题,特别是繁殖率低、成活率低、饲料效率低和产品质量低的问题,应重点进行分析,提出解决方案,通过技术培训、现场巡回指导、图书出版和电子光盘等手段,对从业农民进行全方位、多角度、多形式的技术培训。根据以往经验和农民的特点,在特定地区树立样板,让他们参观学习和模仿,以现场培训的方式,做到立竿见影。

2. 信息 针对农村交通和信息相对落后的现状,建立信息网络系统,使农民及时获得准确的相关信息是非常重要的。要引导农民适应新形势,学习新知识,利用新途径获得信息。比如,2005年河北省农业大学谷子林教授在临漳县授课时公开表示:现代农民要有现代农民的意识,要有主动适应新形势,提高接受新事物的能力。要想与我(指谷子林)联系,从我这里获得技术和信息,最好的途径是通过网络。可以通过专业网站的专栏(中国东兔论坛、中国养兔网等)、QQ等,进行交流。这一引导非常见效。到目前为止,有上千名养兔爱好者通过网络与谷子林教授取得联系,得到经常性的指导,并通过网络诊断疾病,设计饲料配方和提供生产决策。很多只有小学文化程度的农民,通过这种途径,开阔了视野,长了见识,学到了技术,提高了养殖水平。有条件的家庭兔场,最好自己购买电脑并联网。大多数兔场,可以借助政府的农村电脑入户工程来解决。建议各地组建群众性养兔协会,与国家协会建立联系,订阅相关报刊,参加国家级和地方性的养兔会议,以满足广大农村兔场对技术和信息的需求。

3. 组织 散在的一家一户养兔,尤其是小规模养兔,很难抵御市场风险。尤其是獭兔市场的波动性比较频繁,农村养殖场的信息滞后,自动调整能力有限,回旋能力较弱,因此经常性地出现大起大落的情况。行情好的时候一窝蜂地上马,市场进入低谷的时候一片片地倒闭。要将獭兔产业发展壮大,让农民成为这一产业的主力军,发挥其优势,就应该将分散的农家兔场组织起来,形成合力。目前,主要是通过龙头企业带动,以合同的形式建立产销关系,即公司＋农户＋基地;另外一种形式为农民专业合作社。农民专业合作社是在农村家庭承包经营基础上,同类农产品的生产经营者或者同类农业生产经营服务的提供者、利用者,自愿联合、民主管理的互助性经济组织。规范的合作社一般应遵循以下原则:①自愿和开放原则。所有的人在自愿的基础上入社,获得合作社的服务并对合作社承担相应的责任,同时社员退社自由。②社员民主管理原则。合作社是由社员自我管理的民主的组织,社员积极参加政策的制定。合作社成员均有同等的投票权,即一人一票。③合作社利益的分配实行惠顾原则。合作社的经营收入、财产所得或其他收入,根据社员对合作社的惠顾额按比例返还。④教育、培训和信息。合作社对内部相关人员进行培训以便使合作社有更好的发展。⑤合作社之间的协作。合作社要通过协作形成地方性的、全国性的乃至国际性的组织结构。⑥关心社区发展。合作社通过社员批准的政策为社区的发展服务。

正是由于合作社的上述原则,保证了合作社和农民(其社员)间紧密的利益关系。有些合作社还创办农产品加工等企业,使合作社更具经济实力。当然在我国,合作社的发展还处于起步阶段,2007年颁布实施的《中华人民共和国农民专业合作社法》为未来合作社的规范化、健康发展提供了重要的保障。

近年来,我国养兔合作社逐渐发展了起来,他们在帮助养殖户统一采购原料、统一提供技术服务、统一销售兔产品等方面做出了很大的贡献。

4. 良种 农村家庭兔场,品种质量存在很多问题。有的起步阶段引种就没有引进好的品种,经过多年闭锁繁育,近亲繁殖严重,退化明显,质量越来越差;有的尽管在起步阶段引进优良品种,但由于规模小,不能及时更新血缘,造成近亲交配而逐渐退化;更多的兔场,不懂选种选配知识,没有建立血统档案,没有开展生产性能的测定和记录工作，盲目选种，盲目配种。可想而知，这样的繁育条件的种群质量无疑是难以生产优质后代，难以获得优质的兔皮和良好的生产性能的。

针对农村家庭兔场现状，应扶持一些龙头企业的规模型兔场，开展兔场标准化、规范化建设。首先组建优秀种兔群，开展系统选育。定期对下属农家兔场更新血缘，指导选种选配。建立一个相对开放的繁育体系，解决农家兔场技术力量薄弱、选育手段落后的难题。

5. 规模　目前，我国多数家庭兔场的规模较小，而且多年变化不大。从发展看，规模化是趋势。不仅中国是这样，世界发达国家也是这样走过来的。小规模难以承接现代科技，难以进行规范化操作，难以大幅度提高生产效率。很多兔场，并非不能扩大规模，并非在经济上存在困难，或在技术上不能保证，而主要是保守的小农意识。当然，规模化养殖是相对的，要根据当时当地的每一个兔场的具体情况决定规模的大小。超过实际能力的盲目扩大规模，只能适得其反。要引导农民，不断积累养兔经验和财富的同时，还要适时抓住发展机遇，扩大规模，提高养殖水平。即通过不断武装兔场，使兔场生产各重要环节的技术含量不断得到提升，软件和硬件不断改善和提高，使一个个小的家庭兔场逐渐由副业型过渡到专业型。

6. 政策　从家兔的自然属性来说，其以草换肉、以草换皮和以草换毛的效率高于其他家畜，包括草食家畜。新中国成立以来，兔业为老百姓脱贫致富做出了巨大贡献，为中国的出口创汇立下了汗马功劳。到目前为止，在家养动物中，家兔是唯一没有对人类健康有威胁疾病的动物，兔肉是家养动物肉中的上乘食品，代表了当今人类对动物性食品需求的方向。獭兔属于皮肉兼用，效益良好。尤其是对于农村家庭，门槛不高，滚动发展，只要组织得力，引导得方，就可以成为脱贫致富的好项目。但是，至今国家尚未把家兔产业作为重点扶持对象,多数地方政府也很少把家兔养殖像养牛、养猪、养鸡那样重点扶持。因此,我们呼吁:各级政府的相关行政部门,对农村家兔产业给予重点扶持,尤其是对规模化兔场给予资金和政策上的支持,让中国的兔业在光明的道路上前行!

三、农技人员的技术要求

对于从事獭兔为主的畜牧兽医技术人员来说,在技术层面应该具备如下素质,掌握以下相关知识。

(一)家兔(以獭兔为主)养殖基础知识

家兔(獭兔)品种的来源和发展历程,中国目前主要的品种(品系)和主要特点;

家兔营养需要和营养标准,不同家兔品种的营养特点,不同生理阶段獭兔的营养特点;

家兔的主要饲料资源,常规饲料和非常规饲料的概念和种类;

常用饲料(能量饲料、蛋白质饲料、粗饲料、青绿多汁饲料、青贮饲料、矿物质饲料、维生素、微量元素、预混合饲料等)的概念、种类。不同种类饲料的营养特点。

常见有毒有害植物的种类和有毒成分,常用饲料中的抗营养因子种类和抗营养机理;饲料霉变发生的条件,霉变饲料的鉴别等。

家兔饲料配方的设计方法,饲料营养含量的测定方法。

獭兔生理阶段的划分方法,不同生理阶段的主要特点;

獭兔的生活习性、不同生理阶段獭兔的饲养管理方法,包括空怀母兔、妊娠母兔、泌乳母兔、泌乳期妊娠的母兔、仔兔、幼兔和育肥兔;

兔场设计和兔舍建筑知识。包括獭兔对环境指标的要求、场址的选择、兔场的规划、建筑物的布局、兔舍的建造等。

笼具的选用。不同生理阶段獭兔对笼具的要求,笼具的质量标准,包括饲养笼、运输笼、饮水器、草架、产仔箱、自动喂料设备、自动清粪、消毒设备等。

家兔防疫基础知识。包括家兔疫病的发生和流行、疫病的监测、防疫程序、疫病防治应急预案、疫病隔离制度、动物环境卫生等。獭兔主要疾病的种类和防治技术。

(二)兔场管理和技术推广基础知识

养兔技术推广的主要意义和作用;

养兔技术推广项目的选择基本原则;

养兔技术成果推广的主要形式;

三级技术推广体系建设;

獭兔产业主推技术的判断和选择;

试验示范基地、示范场和示范户的选择和培育;

技术引进基本知识;

技术培训的组织;

技术培训讲稿的撰写和培训技巧;

新技术项目生产性试验示范和分析;

畜牧试验示范项目实施及总结和评价;

兔场生产计划制定(繁殖计划、周转计划、饲料供应计划、资金和物料供应)基础知识;

兔场人员管理和劳动定额。

(三)信息采集与处理

獭兔产业相关信息收集的规划设计;

獭兔产业相关信息采集方案和组织实施;

獭兔养殖技术推广项目的专项调查研究方法;

从信息采集样本中对具有价值的信息的鉴别；

运用计算机技术对大宗信息进行分析加工和传递。

（四）相关法律、法规和标准知识

中华人民共和国畜牧法（主席令第四十五号）；

种畜禽管理条例（国务院令第153号）（2011年修正本）；

种畜禽管理条例实施细则；

《中华人民共和国动物防疫法》的相关知识；

《绿色食品　饲料及饲料添加剂使用准则》，NY/T 471—2001；

《无公害食品　畜禽饲料和饲料添加剂使用准则》，NY 5032—2006；

《无公害食品　肉兔饲养饲料使用准则》，NY/T 5132—2002；

《实验动物　兔配合饲料》，GB 14924.4—2001；

中华人民共和国国务院令第404号《兽药管理条例》；

兽药管理条例实施细则。

四、獭兔养殖脱贫致富范例与实践

（一）獭兔产业在脱贫致富中的地位与作用

獭兔产业的特点。獭兔学名力克斯兔，是一种以皮为主，皮肉兼用兔。在脱贫致富中具有特殊的地位与作用。

首先，草食性，节粮型。獭兔属于单胃草食动物。其全价配合饲料中，饲草秸秆类粗饲料要占到总量的40%～45%，玉米仅占到10%左右，其余多为农副产品下脚料。因此，其用粮少，适合贫困地区，适合中国国情。

其次，舍饲性，环保型。目前，我国獭兔养殖技术日臻成熟，在全国范围内,几乎全部是立体舍饲。一般 2～3 层笼养,育肥獭兔也可四层笼养。相对其他动物,其占用笼舍和地面面积较小。对于生态环境脆弱的贫困地区而言,较其他放养动物,发展獭兔养殖更为合适。

第三,繁殖力强,周转快。獭兔妊娠期短(31 天),四季繁殖,多胎高产,繁殖力极强。通常情况下,胎产仔数 7～8 只,年均繁殖 6 胎左右。在良好的饲养管理条件下,1 只母兔年出栏商品兔 35 只或更多。

第四,规模灵活,可大可小。目前饲养的獭兔属于一个品种(纯种),不同品系或不同毛色的獭兔之间的交配,属于品种内品系间的交配,属于纯繁的范畴。因此,与饲养其他配套系(如肉兔、蛋鸡、肉鸡、猪等)不同,可以自繁自养。因此,在财力不足的起步阶段,可以小规模发展,此后可逐渐扩大养殖规模。

第四,投资少,见效快。一只种兔 100 元左右,可以小规模起步,10 只种兔 1000 多元。可以利用闲房旧舍改造作为兔舍,可以就地取材建造兔窝,采取半草半料(喂草和补料相结合),节约成本。如以肉为主出售,3 月龄即可出栏;作为优质皮用兔出售,一般 5 月龄,其周转速度较快。

第五,皮肉兼用,市场广阔。獭兔是以皮为主,皮肉兼用。兔肉国内市场潜力巨大,兔皮是中档裘皮原料,国内外市场潜力巨大。只要产品开发到位,其利润点较多。

贫困地区的特点,目前我国 7 000 多万贫困人口大部分集中于老(革命老区)、少(少数民族)、边(边远地区)、穷(贫穷地区)和山区。这些地区,多数生态脆弱,自然资源贫乏,生存条件恶劣,而且基础设施落后,产业发展严重滞后,科技文化普及率较低,交通信息等相对闭塞。但是,这些地区的饲草资源丰富,剩余劳动力较多。发展獭兔产业与其他产业相比具有一定的优势。

（二）发展獭兔产业脱贫致富需要考虑的问题

一是因地制宜，因户制宜，因人制宜。多年的实践告诉我们，獭兔发展一定要因地制宜，实事求是。不适合发展的地区和家庭，不可牵强发展。尤其是市场发育不良、资源不足的地区和动力不足的家庭。应根据当地具体情况，通过深入调研，摸清底码，具体分析，精确把握，做出科学决策。

二是重视龙头企业带动作用。扶贫离不开产业的发展，产业是一个链条，各个链条只有相互衔接才能运转，产业才能延长，增值增效才能显著。而目前就獭兔养殖而言，最大的限制因素并非养不出或养不好，而是产品的收购、加工和销售，市场成为最重要的限制因素。发挥龙头企业的带动作用，解决农民养殖的后顾之忧，是必须考虑的。这一问题解决不好，将前功尽弃。

三是科技人员的参与。獭兔养殖的技术性较强，发展獭兔产业精准扶贫，应该吸引大专院校和科研单位的积极参与。根据以往的经验，对于科技人员而言，积极参与精准扶贫，以取得更好效果，最好与项目结合，使操作性更强，更加持久。

四是精准扶贫，标本兼治，既要考虑当前，又要考虑长远。重点在于提高贫困人口的自我发展能力。因此，强化培训、提高贫困人口的基本素质至关重要。根据以往经验，凡是技术培训工作开展好的地区，獭兔养殖扶贫开展的就顺利，成功率更高，效果更好。

［案例］ 内蒙古东达蒙古王集团獭兔产业扶贫

1. 公司发展历程

内蒙古东达蒙古王集团是在 1991 年创建的东达羊绒制品有限责任公司基础上，于 1996 年 4 月组建成立的。集团现拥有 58 个成员企业，11 000 多名员工，总资产达 150 亿元。该企业在发展过程中注重公益性事业。截止到 2016 年，已安排 2 000 余名下岗职工再就业,投资 3 亿多元用于生态建设,拉动 12 万户农牧民增收致富;新农村建设资金投入 35 亿元;用于各项社会公益事业资金 3 亿多元;现已形成了面向市场的路桥、房地产、新型农牧(以獭兔为主)、羊绒、酒店服务、商服物流、文化等八大产业。

集团公司获得内蒙古自治区"出口创亿元先进乡镇企业"、"内蒙古工业二十强企业"、"全国扶贫重点龙头企业"、"中国最具生命力百强企业"、"全国新农村建设百强示范企业"、"农业产业化国家重点龙头企业"等荣誉称号。

2005 年,东达蒙古王集团根据鄂尔多斯市委提出的"城乡统筹,集约发展,结构转型,创新强市"发展战略,遵循"生态扩镇移民,产业拉动扶贫"的理念,经过认真调研和讨论,董事长赵永亮决定发展以獭兔产业为主的扶贫项目,在风水梁建设"东达生态移民新村"(风水梁产业园区)。

集团按照"企业筑巢,政策吸引,自愿入住,产业拉动,服务保障"的原则,依靠"规模化养殖、产业化配套、专业化管理、系统化分割、现代化加工、资本化运作"六轮驱动模式有力推进新农村建设事业;公司无偿为每户入住移民提供住房、兔舍等基础设施,对养殖户实行保设施、保种兔、保饲料、保防疫、保销售的"五保"措施,把保险让给养殖户,风险留给企业。

园区现已入住移民近 3 000 户,其中近 2 000 户从事獭兔养殖,户均年出栏獭兔 2 000 多只,养殖户年收入可达 5~7 万元。利用兔粪生产沼气作为清洁能源,沼液、沼渣作肥料,用于种植业,基本实现种养业的良性循环模式。园区内从事物流、服务业的经营户,其经济收入也达到了当地同行业的中等水平。

目前,园区建设已累计投入资金 50 亿多元,水、电、路、气、讯、排污等基础设施正在逐步完善和扩充;截至目前,该集团已发展年出栏獭兔近 500 万只的养殖规模,并配套建有年产 10 万吨獭兔饲料加工项目、年屠宰 500 万只獭兔项目、獭兔熟肉制品加工项目、日产5万吨兔肉水饺项目、年产10万件皮草制衣项目、獭兔种兔繁殖基地、食用菌培育基地和企业研发中心等项目,并先后取得项目相关备案、环评、能评等审批文件,并相继投入使用。

项目的建设运营已形成獭兔品种培育—规模化养殖—深加工产品—种植业的循环经济产业链,风水梁园区已被评为"内蒙古自治区循环经济产业示范园区";该产业模式也被国家扶贫有关部门选入全国扶贫开发典型案例,进行全国性宣传和推广。

公司规划在中国八大沙漠发展12个大型獭兔养殖园区,年出栏达到2亿只的獭兔养殖规模;目前,已在内蒙古鄂尔多斯市达拉特旗、兴安盟科右中旗、乌兰察布市四子王旗建设獭兔养殖园区。内蒙古东达生物科技有限公司已经组建了"内蒙古东达獭兔循环产业研究院",不仅能够实现獭兔产业链的技术攻关,推动技术成果转移转化,而且能够实现延伸产业链,提高附加值,加快传统产业转型升级,提升獭兔产业市场核心竞争力;同时,随着獭兔产业的迅速发展壮大,对内蒙古地区相关产业的发展和产业结构的调整也将起到巨大推动作用。

2. 公司带动致富一方

2005年獭兔产业扶贫项目启动以来,除了来自内蒙古自治区的1523户(其中,巴彦淖尔市247户、乌兰察布市437户、包头市147户、鄂尔多斯市548户、赤峰市38户、其他市106户)农民外,还有来自全国20多个省、市、自治区的贫困农民来这里养殖獭兔创业脱贫。其中:河南省207户、河北省209户、山西省263户、陕西省202户、山东省39户、安徽省45户、甘肃省105户、回族自治区6户、浙江省2户、江苏省10户、湖南省23户、湖北省6户、江西省2户、贵州省4户、吉林省61户、黑龙江省224户、辽宁省58户、新疆维吾尔自治区17户、四川省45户,目前有3000多户养殖户从事獭兔养殖事业,约12000人来东达生物科技有限公司创业,养殖獭兔户获得效益的养殖户占98%以上。养殖獭兔成功率

占 95% 以上,平均家庭养兔年增收 50 000 元以上。具体案例如下:

高红梅:年龄 48 岁,来自内蒙古巴彦淖尔市五原县隆兴昌盛荣义村,从 2008 年 10 月开始在 A7 区 2 栋 5、6 号养殖小户型 2 栋兔舍,年出栏獭兔 4 000 多只,年收入 12 万元以上。2012 年秋在 7 期 7 栋 3、4、5、6 号承包中户型 4 个,扩大獭兔养殖量,年出栏獭兔 10 000 只以上,年收入 20 万元以上。从 2008 年到现在共收入 90 万元以上。

宋坤活:年龄 54 岁,来自河南省许昌市小召乡后宋村,2013 年年初在 7 期 13 栋 11 号承包中户型一舍从事獭兔养殖,刚开始经验不足,年出栏 2 800 只左右,直接收入 5 万元左右。在技术人员的指导下,其技术水平得到大幅度提高,仅在 2015 年一年,就提供出栏商品兔 5 000 只以上,年收入 12 万元。3 年一共收入 20 万元以上。

徐红梅:年龄 48 岁,来自山东省淄博市博山区八陡镇石炭坞五村,2013 年年初在七期 1 栋 9、10 号承包两栋中户型,年提供出栏商品兔 6 000 只以上。3 年共计收入 35 万元以上。

刘明江:年龄 44 岁,来自内蒙古赤峰市巴林左旗林东镇北井村,2013 年初在七期 15 栋 1、2 号承包两栋中户型,年提供出栏商品兔 6 000 只以上。3 年共计收入 32 万元以上。

段亚风:年龄 56 岁,来自内蒙古包头市九原区沙尔沁乡。2006 年年底开始从事獭兔养殖,由于用心养殖,成活率较高,当年提供出栏商品兔 5 000 只以上,年收入 15 万元。在养殖过程中段亚风陆续将自己兄弟和亲戚四家动员到风水梁从事獭兔养殖,分别是段亚平(八期 18 栋 1、2 号)、段东亚(五期 B3 区 6 栋 2 号)、最新亚(八期 10#1、2 号)和辛玉林(九期 13 栋 4、5 号)。通过段亚风的经验交流,他们几人很快就掌握了养殖技术,年均提供出栏商品兔 4 500～5 500 只,年收入 10～15 万元。2014 年年末由于兔舍养殖年长,弟兄们集体协商统一搬到现在八期和九期新建兔舍,每人承包两个大户型,目前年出栏獭兔 6 000～7 000 只以上,直接收入 15 万元以上。段亚风从 2007 年到目前共计收入 110 万元以上。

王爱女:年龄 46 岁,来自鄂尔多斯市达旗王爱召镇王爱召村。2009 年听说风水梁獭兔养殖项目,同老公将地承包出去,在一期兔舍 1 栋 3 号以 10 万元的价格转让兔舍全部资产,经过 1 年多的学习和研究,总结出一套自己的养殖经验。2010 年中期回收兔舍转让成本,加上当年出栏商品兔 5 000 只以上,年收入 10 万～13 万元。到 2015 年,年提供出栏獭兔 5 000 只以上,直接养殖收入 12 万元左右。王爱女 5 年共计收入 55 万元以上。

仅仅依靠家庭妇女和老人养兔占 2 200 户以上,公司提供就业平台,在多个岗位上为来这里养兔的家庭的其他成员提供就业岗位,如:饲料厂(中控技术员、化验员、质检员、饲料粉碎加工员、司机、装卸工等)、屠宰场(电击员、屠宰工、包装工、冷库技术员、装卸工、化验员等技术流水线作业)、生物科技公司(财务人员、防疫技术员、回收技术员、销售员等)、刨花板厂技术工、工程项目建设技术工、熟食品加工厂技术工、生态建设技术工等 80 多个技术岗位,解决了青壮年就业机会。这些岗位的年收入 4 万～8 万元。

内蒙古东达蒙古王集团獭兔产业扶贫项目,是以政府为主导、企业为主体的成功的扶贫案例。实施 10 年来,取得巨大成就。我们希望更多的企业积极参与"精准扶贫"工作中来,为我国全面消除贫困,实现小康而共同奋斗。

第二章

环境控制与兔场设计

一、养殖环境与獭兔养殖的关系

獭兔的养殖能否获得良好的效益与其生产性能发挥是否充分有关,而生产性能的发挥除取决于品种的好坏、饲料营养水平的高低外,还有一个重要因素,即獭兔的健康。我们把机体与所在的环境比作一架天平上的两个托盘,当机体与环境之间达到完全平衡时,獭兔就处于健康状态,当机体与环境失去平衡,轻者影响獭兔各种生产性能的发挥,出现减产减收;重者打破平衡,獭兔就会患病甚至死亡。而影响獭兔生产的环境因素有舍内的温度、湿度、空气质量、光照、饮用水质量、空间需求等。獭兔养殖要想获得理想的收益,创造良好的环境条件十分重要。

(一) 獭兔对环境温度的要求

獭兔的平均体温为 38.5℃～39.0℃,在不同的环境温度下,獭兔通过一系列生理活动进行体热的调节,以保持体温的相对恒定。在高温条件下,獭兔通过控制自身产热量减少,增加散热量来维持体温恒定;在低温条件下,则通过提高代谢水平来增加自身产热和减少热量散失来保持体温恒定。

由于獭兔的散热特点,獭兔能够适应寒冷的环境,但对炎热环境的耐受力较差。成年獭兔适宜的环境温度为13℃～20℃,临界温度为5℃～30℃,超出范围就会引起獭兔的冷或热应激。热应激表现为采食量下降,饲料转化率降低,繁殖性能下降,生长增重减缓,体质下降,发病率、死亡率升高;如果温度过高(40℃及以上)时,獭兔会出现严重的喘气和流涎,严重时导致死亡。

繁殖公兔对于温度的要求更为苛刻,温度28℃以上时,其精液量下降,精子质量明显降低,死精率上升;繁殖公兔持续处于高温环境下会造成暂时性的不育,有的会持续45～70天,獭兔秋天繁殖困难很大一部分原因就是因为夏季高温对繁殖性能造成的不良影响。而高温环境对于繁殖母兔来说,会造成其受精失败,或者早期胚胎死亡,如果在妊娠期间,胎儿的代谢产热会给母兔散热带来更大负担,导致母兔采食量下降,营养供给不足,不得已动用自身储备的营养来满足胎儿的需要,以至于体内积累大量酮体,所以母兔在高温条件下会中暑死亡或产后出现酮病死亡。哺乳母兔的泌乳量在高温下会降低,胎儿得不到充足的营养供给导致出现严重的发育不良,初生体重、断奶体重、断奶成活率显著降低。

育肥兔所需的适宜温度为10℃～20℃。高温会使育肥兔采食量下降,饲料利用率降低,直接影响育肥兔的增重,对于仔兔来说,由于其被毛少,自身的保温能力差,体温调节能力不健全,所以其要求的环境温度较高,为30℃～32℃,低于28℃就会显著影响仔兔的存活,一般要求仔兔舍温度在20℃以上。

虽然獭兔耐寒,但是持续的低温环境也会对其生产造成影响,当环境温度下降到5℃以下时,獭兔主要依靠增加体内营养物质的氧化来产热,饲料转化率降低,维持需要明显增加;会蜷缩在一起,呼吸减缓,幼兔生长缓慢,发病率升高;育肥兔日增重下降,饲料转化率降低;种兔表现为性欲低下,受胎率降低。

（二）獭兔对环境相对湿度的要求

獭兔的适宜环境相对湿度为 $60\%\sim65\%$。空气湿度影响獭兔的体热调节，也是诱发一些疾病的主要因素。

通常在适宜的温度条件下，高湿度（$>80\%$）不会直接对獭兔造成危害，但是在高温条件下高湿度会阻碍獭兔散热。在高温条件下，獭兔的体温与周围空气温度差减小，对流和辐射散热大幅度降低，更需要通过呼吸道蒸发散热来弥补体表散热量的减少，但是高湿度会抑制呼吸道水分蒸发，导致散热困难，体内积聚热量，体温升高，到一定程度就会出现中暑虚脱。所以，控制环境湿度在合理范围内有助于缓解兔的热应激。

冬季低温高湿环境会使獭兔的体感温度降低，潮湿空气的导热性高，吸热能力远高于干燥空气，因此，潮湿环境中獭兔的辐射和对流散热增加，热损耗增加，会使獭兔感觉更冷。低温高湿环境下易引起感冒和各类呼吸道疾病，而且低温高湿环境有利于病原菌和寄生虫的滋生，容易引起獭兔的癣、疥等皮肤病高发，以及球虫病的爆发。

当周围空气湿度过低时（$<40\%$），空气过于干燥，易使獭兔皮肤干裂、黏膜干燥，引起皮肤病、呼吸道疾病。

（三）獭兔对空气质量的要求

獭兔的呼吸和粪尿的排泄分解会造成一定的空气污染，改变兔舍内空气的组成，粪尿分解产生的氨气、硫化氢有恶臭，如果舍内与舍外的空气得不到很好的流通，有害气体就会积累，直接危害人畜的健康。兔舍内常见的有害气体有氨气、硫化氢和二氧化碳，其中以氨气的危害最大。

氨气，为无色有刺激性气味的气体，极易溶于水，水溶液呈弱碱性。由于氨气比空气轻，所以兔舍上层氨气浓度较高，但是若兔舍地面潮湿,其附近的氨气浓度也会升高。微生物对尿液的分解是兔舍中氨气的主要来源,其含量受到养殖密度、通风排水状况和清粪工艺的影响。舍内空气湿度高时,潮湿的地面和墙壁易吸附氨气,通风时不易排出,所以保持舍内干燥、及时排出尿液对减少氨气的产生非常重要。

獭兔对氨气非常敏感,要求兔舍内氨气浓度低于15.2毫克/米^3。氨气浓度过高会损伤獭兔的上呼吸道,造成细菌感染,严重的引起肺炎甚至呼吸中枢麻痹而死亡;獭兔长期处于低浓度氨气环境中,抵抗力、免疫力皆会下降,易感各种疾病。我国北方地区,冬季由于有保温需要,多数兔舍氨气超标,獭兔呼吸道疾病频发,严重影响了獭兔的生产安全。

硫化氢,是一种无色、臭鸡蛋气味的刺激性气体,易溶于水。兔舍内硫化氢浓度标准为低于10毫克/米^3。兔舍内的硫化氢是由含硫的有机物经微生物分解产生,高浓度的硫化氢能使呼吸道中枢麻痹,造成动物窒息死亡。长期处于低浓度下,动物也会出现植物性神经功能紊乱,造成体质下降,体重减轻,免疫力下降,生产力下降。兔舍应注意通风换气,及时清理粪便,避免造成硫化氢的积累中毒。

二氧化碳,本身无毒性,但是长期处于高浓度二氧化碳环境,獭兔会出现缺氧,造成生产力下降,体质衰弱,免疫力低下。加强通风换气是解决问题的好办法。建议兔舍内二氧化碳浓度不高于0.15%～0.20%。

獭兔养殖由于仔兔保暖等需求,越来越多地用到有窗密闭式或无窗密闭式兔舍。通风换气是这类兔舍空气能否达标的重要影响因素,一方面关系到舍内空气质量,可控制减小有害气体浓度;另一方面通风影响舍内的温度和獭兔的体热调节。夏季通风产生的气流能促进獭兔的散热,有利于减缓热应激;但在冬季,低温气流会加剧机体失热,使其免疫力降低,引发疾病,所以夏季需要适当增加通风量,产生快气流,冬季在保证舍内温度的前提下,应满足通风的需要。

（四）獭兔对光照的要求

光照对獭兔具有多重作用。光照可以提高兔体新陈代谢,增进食欲,使红细胞和血红蛋白含量有所增加;光照可使獭兔表皮里的 7-脱氢胆固醇转变为维生素 D_3,维生素 D_3 能促进兔体钙、磷代谢。阳光能够杀菌,并可使兔舍干燥,有助于预防兔病;在寒冷季节,阳光还有助于提高舍温。但獭兔对光照的反应远没有对温度及有害气体敏感,有关光照对獭兔影响的研究也较少。

生产实践表明,光照对生长兔的日增重和饲料报酬影响较小,而对獭兔的繁殖性能和被毛品质影响较大。据试验,长光照促进性成熟,短光照延缓性成熟;繁殖母兔每天光照 14～16 小时,可获得最佳繁殖效果,接受人工光照的成年母兔的断奶仔兔数要比自然光照的多 8%～10%。而公兔不需要较长时间的光照,如每天给公兔光照 16 小时,会导致公兔睾丸体积缩小,重量减轻,精子数量减少。因此,公兔每日光照以 8～12 小时为宜。另据试验,如每日连续 24 小时光照,会引起獭兔繁殖功能紊乱。仔兔和幼兔需要光照较少,尤其仔兔,一般每天 8 小时弱光即可。

光照对于獭兔被毛的生长和脱换产生影响。实践表明,獭兔在育肥期,较短而黯淡的光照,有助于被毛生长,换毛更快,被毛洁白;长时间的光照,会使育肥期的獭兔被毛粗糙,换毛较慢。研究表明,出现以上状况与褪黑激素的释放有关,即黑暗有助于褪黑激素的释放,而褪黑激素促进被毛的生长。因此,建议繁殖兔和育肥兔单独兔舍,分开饲养,以便利于光照控制。在育肥兔舍,应采取封闭窗户,实行暗光育肥,以促进被毛的生长和脱换。

此外,光照还影响到獭兔季节性换毛。无论是光照从长到短,还是从短到长,都会导致换毛。

兔场对光照的控制应对不同的兔子区别对待。育肥兔需要弱光 8 小时，种公兔需要中等光照 12 小时，而繁殖母兔在配种前需要 16 小时较强的光照。因此，生产中母兔光照的控制最为重要。尤其是每年的短光照季节，很多兔场出现母兔不发情、不接受交配或受胎率低等一系列繁殖障碍现象。从光照角度来讲，存在四个方面的问题。

第一，我国绝大多数兔场采用三层重叠式种兔笼，而光源悬挂在笼具上方，由于承粪板的隔离作用，只有上层笼具获得较充足的光照，而中下层笼具得不到应有的光照。尤其是水泥预制件笼具，光照效果更差。

第二，光照时间不足。立秋之后我国多数地区的光照时间不足 12 小时，一直到冬至，光照时间越来越短，远远达不到母兔配种前促进发情的适宜光照时间。

第三，光照强度低。种兔繁殖期需要 20 勒克斯(lx)以上的光照强度，试验表明，60 勒克斯的光照强度催情效果更好。所谓光照强度，为照射在单位面积上的光通量，照度的单位为勒克斯。白炽灯每瓦大约可发出 12.56 勒克斯的光，但数值随灯泡大小而异，小灯泡能发出较多的流明，大灯泡较少，荧光灯的发光效率是白炽灯的 3～4 倍。但是一个不加灯罩的白炽灯泡所发出的光线中，约有 30% 的光被墙壁、顶棚、设备等吸收；灯泡的质量差与阴暗又要减少许多，所以大约只有 50% 的有效利用率。灯泡安装的高度及有无灯罩对光照强度影响很大，一般在有灯罩、灯高度为 2.0～2.4 米(灯泡距离为高度的 1.5 倍)时，每 0.37 米^2 面积上需 1 瓦灯泡，或 1 米^2 面积上需 2.7 瓦灯泡可提供 10.76 勒克斯。照此计算，一间标准 15 米^2 的兔舍，达到 20 勒克斯的平均照度，需要 75 瓦的灯泡。但是，多数兔舍的照度不足。一方面是安装的灯泡瓦数不够，二是多没有增加灯罩，三是灯泡长期暴露，被尘埃特别是苍蝇排泄物沾污，严重影响光的辐射。

第四,光照不均匀。一些兔场不仅存在笼具层间光照强度的巨大差异,而且在灯具的摆放位置上存在不均性,存在光照死角,影响一些母兔获得的光照。

根据以上情况,笔者在一些发情状态不好的兔场开展了试验。对于对头式三层重叠式笼具,采取在走道中间设置三层立体光源,每2~2.5米安装光源1组,每组10瓦节能灯3个,其悬吊高度与每层笼具上缘平行。连续光照6~7天,发情率达到95%以上,受胎率(本交)达到90%以上,效果良好。

因此,对于多数兔场,短光照季节(秋冬季节为主)一定要注意人工补充光照,还要注意补充光照的方法和技巧。

(五)獭兔对空间、噪声与水源的需求

我国獭兔养殖普遍采用笼养的方式,养殖密度通常较大,控制合理的养殖密度,能够将空间的利用效率最大化,同时又能避免因养殖密度过大而造成兔舍内空气污浊,由此诱发的疾病和死亡以及个体之间争斗造成的损伤,同时过高的养殖密度也不符合动物福利的要求。

獭兔兔场的需水量很大,要保证兔场的水源充足,水质良好,没有污染源,取用方便,便于防护。不建议采用地面水源,兔场除拥有优质的水源外,还要注意水源不被兔场的粪便污染。兔场自身产生的粪尿必须有合理的收集系统,否则容易渗透至地下水,污染兔场水源引发疾病。

獭兔具有夜行性和嗜眠性,胆小,惧惊扰。噪声可使獭兔处于紧张状态,妊娠期和哺乳期的母兔尤为重要;噪声可造成母兔流产,分娩母兔难产,哺乳兔拒绝哺乳;对于育肥兔则采食量减少,生长迟缓,建议兔舍的噪声强度小于70分贝。防止噪声要注意选址,要远离工厂、道路;兔舍增加隔音设备;此外,饲养人员的操作应轻缓,可在每日早间和晚上喂料、清粪,以免影响獭兔休息

或使其受到惊吓造成应激。

二、环境控制技术

近年来随着獭兔养殖业的不断发展,规模化獭兔养殖场越来越多,兔场环境的控制已经成为养殖者必须认真面对的问题。有效控制兔场环境有利于獭兔健康生长,降低养殖成本,可显著提高养兔经济效益。

(一)兔舍的温度控制

1. 夏季兔舍的防暑降温 獭兔生长繁殖的适宜温度为 15℃～25℃,临界温度为 5℃和 30℃,超过 30℃就会出现明显的热应激反应。我国的东南、西南、华北、华中地区夏季温度多在 30℃以上。要想实现夏季獭兔的正常生产,我们需要根据当地的气候特点,因地制宜地选择合适的防暑和降温方法。

(1)兔舍建筑防暑 兔舍的墙体、屋顶、门窗、地面等称为兔舍的外围护结构,而兔舍的防暑首先要求兔舍外围护结构具有良好的隔热性能,这就需要外围护结构具有一定的热阻,故选择屋顶和墙体材料时,可选择传热系数小的材料,或者增加材料的厚度以达到增加热阻的目的。由于通过屋顶传入兔舍的热量占总传入热量的 40%,在夏季太阳辐射下可以达到 60%～70%,屋顶内外的温差大于墙体内外温差,所以屋顶的保温隔热作用更重要。墙体占舍建筑总重的 40%～65%。

开放的兔舍结构简单,造价低廉,主要起避雨、遮阳的作用,保温隔热性能差,较难进行有效的环境调控,适用于南方温暖地区。

有窗密闭兔舍的密闭程度高,主要由人工调节舍内环境,便于环境控制;无窗密闭兔舍的环境条件则完全由人工调控,且密闭性兔舍对建筑的外围护结构的保温隔热性能要求更高。

（2）兔舍降温措施　在夏季炎热气候条件下,建筑防暑措施无法满足獭兔生产要求温度时,需要配合相应的降温措施对舍内温度进行调控,以避免热应激造成的生产力下降和死亡。

夏季兔舍降温措施:要避免家兔拥挤受热,就要降低饲养密度,群养的家兔要分成小群,笼养时要减少笼养只数;同时可在兔舍周围空闲地进行绿化或加盖遮阳网以减少太阳辐射热,也可以在兔舍墙体上涂一层石灰浆,不让阳光直射到兔笼上;在地面洒水或在兔舍顶部洒水,但洒水量不宜过多,否则会造成兔舍湿度过大;当夏季到来前给兔子剪毛,以利于散热;还可利用湿砖散热,将在凉水中浸泡的砖块放入兔笼中,兔子伏卧其上散热,隔一段时间更换砖,可起到较为明显的降温作用;对于露天兔舍可以搭设凉棚,让空气对流;对于密闭式兔舍可以安装电扇和排气扇,加速空气流动,有条件的可在兔舍顶部开设天窗和兔舍后墙基部开设进气孔,可使凉气从基部进入,污气和热气从天窗中排出,对价值较高的种兔舍可安装空调;在炎热地区可采用湿帘负压通风设施,能有效地降低兔舍温度,但是其会增加兔舍的湿度,不宜长期使用。

2. 冬季兔舍的防寒与供暖　獭兔是耐寒的动物,对于成年獭兔,冬季兔舍内温度维持在 $10℃\sim15℃$ 即可,舍内低于 $5℃$ 獭兔就会产生明显的冷应激。而初生仔兔由于体表被毛少,保温能力差,舍内温度需要保持在 $20℃$ 以上,才能保证产仔箱内达到适宜的温度。我国北方大部分地区冬季寒冷,需要有供暖才能达到獭兔生产的适宜温度。其他獭兔养殖主产区在冬季只需做好相应的防寒工作即可,一般不供暖也可达到适宜的温度。

（1）兔舍建筑的保温　兔舍建筑要求选择热阻值高的建筑材料,保证足够的厚度,同时寒冷地区的兔舍适宜选择朝向南方、南偏东或南偏西 $15°\sim30°$ 角,有利于南墙接受更多的太阳辐射,并使纵墙与冬季主风向呈 $0°\sim45°$ 角,减小冷风渗透。适当降低兔舍的高度,减小墙体面积;在满足通风和采光的前提下,加大跨度也有利于冬季保温。北墙是对着冬季的迎风面,容易产生冷风渗透,所以应减小北窗的面积,在确定总的窗面积后,南、北窗面积按 2∶1～3∶1 来设计。

(2)兔舍的保温供暖措施 在冬季寒冷地区,单纯的建筑防寒措施无法达到所需的温度时,需要采取保暖措施。增加饲养密度,靠兔体散热增温;尽量降低通风量,关好门窗,防止贼风侵袭;在兔舍外墙搭一层塑料布充分利用太阳光照,晚上再覆盖一层草苫,这样可使兔舍温度白天达 25℃ 以上,晚上保持在 15℃ 左右。需要注意的是,白天温度较高时要及时通风换气,以利于舍内的空气流通;有条件的可安装供热设备,如暖气、电热器、火炉、火炕等;要经常更换笼内垫草,保持笼内温度适宜,干燥舒适。仔兔对温度的要求相对较高,因此要选择保温性好、吸湿性强的材料作垫草,如经碾压变软的麦秸和稻草,消毒的禽毛、碎刨花或锯末等。产箱底部垫一层隔热保温材料如泡沫塑料,平时应将垫草整理成四周高、中间低的形状,以便仔兔集中躺卧、互相供暖。如果室温太低,应采取加温措施或将产箱放置在温暖处或用电灯照射供暖,但切忌把产箱放在火墙面上和热炕头上烤,那样易把仔兔烤死,更要防止在产箱上安装大电灯泡加温,那样易把仔兔烤死,甚至发生火灾。

(二)兔舍的通风换气

通风换气在任何季节都是必要的,良好的通风换气有两个要求:要求排出舍内的有害气体、灰尘、微生物和多余的水汽,保证良好的空气质量;能够维持舍内合适的温度,不会造成舍内温度的剧烈变化,且气流稳定均匀,无死角。

1. 自然通风 自然通风是以风压和热压为动力,产生空气流动,通过兔舍的进风口和出风口形成空气交换。

(1)风压通风 也就是当兔舍外有风时,舍内气压压力小于舍外大气压,舍外风进入舍内,由此形成通风。通风效率受多种因素影响,如风速、进风角度、进风口和出风口的形状。

(2)热压通风 舍内空气被畜体和加热设备加热上升,使得热空气聚集在舍内顶部,此时舍内上部气压大于舍外,就由出风口排出,而舍外的空气进入舍内,形成自然通风。热压通风受舍内外温差影响较大。所以,冬季兔舍自然通风时,进入舍内的冷风以斜上角度为好,冷空气从兔舍的上层流到下层的过程中逐渐与热空气混合,既降低了兔舍下层气流的速度,又减少了通风对兔舍下层空气温度的影响。

总之,自然通风适用于跨度较小(小于 8 米)的兔舍,采用自然通风的大跨度兔舍(9～12 米)则可以在屋顶安装无动力风帽作为出风口,改善兔舍中央的通风效果,但屋顶风管内应设可调控启闭程度的风阀,便于冬季调整通风量。跨度更大时(大于 12 米)就必须辅助机械通风了。

2. 机械通风 机械通风按照舍内气压变化可以分为正压通风和负压通风。正压通风由风机将舍外空气送入舍内,使舍内气压高于舍外,舍内空气是由排风口自然排出的通风换气方式;负压通风是风机将舍内的空气排出,使舍内的气压低于舍外,舍外空气由进风口流入舍内。负压通风中按照气流的方向又分为纵向通风和横向通风。

(1)适合兔舍夏季通风的机械通风方式 畜牧生产中,目前畜舍普遍采用纵向负压通风技术,具有风量大、风速快等特点,与湿帘降温相结合,能有效促进畜体的对流散热,增加风冷效果,适用于夏季通风,并且有利于舍内夏季的降温散热。

(2)适合冬季使用的机械通风类型 畜舍冬季热量的损失主要是围护结构的对流散热和通风散热。通常占总散热量的40%～80%损失的热量由通风量和舍外温度决定。目前,我国多数兔场冬季采用自然通风的方式,由于自然通风是通过空气被动扩散来完成的,其通风效率低,同时开窗换气导致兔舍热量快速散失,显著降低舍内温度,造成獭兔的冷应激。但是如果减小通风量的话,兔舍内的湿度过大,有害气体浓度高,空气污浊,呼吸道疾病容易多发,所以冬季通风换气与保温非常矛盾。要想解决这个矛盾,其核心在于通风效率,因此寒冷地区冬季需要采取机械通风的换气方式。

横向负压通风与纵向通风相比,存在着气流分布不均匀、死角多、换气效率低的特点,但是其通风风速较小,通风量也相对较小,对獭兔造成的冷应激较小,适用于兔舍冬季通风。当兔舍的跨度8～12米时,可以使用横向负压通风;当跨度大于12米时,通风距离过长,容易造成通风不均匀、温差大的问题,可以采用两侧排风、屋顶进风的负压通风,或屋顶排风、两侧进风的负压通风方式。

在寒冷地区冬季可以将正压通风与供暖相结合,如使用水空调或热风炉供暖系统,设供暖间,将冷空气加热后送入兔舍,可以解决风速大、进风温度低的问题。

此外,还有一种通风方式为热回收通风,需要使用空气—空气能量回收装置。此种通风方式需要舍内与舍外存在一定的温度差,温度差在8℃以上的地区才适用,我国北方大部分地区可以采用,但是在东北地区由于舍外温度极低,单纯利用这种通风方式会导致舍内温度大幅下降,所以需要舍内有供暖系统。

总之,需要因地制宜选择合适的通风方式,才能保证舍内温度、湿度、空气质量达标平衡,才能获得最大的经济效益。

（三）兔舍的采光与照明

獭兔对光照并不敏感,但如果光照时间太短、强度不够,就会影响种公兔、种母兔的性欲和受胎率;而光照时间过长或强度太大则对獭兔皮毛质量有影响,过度的阳光辐射会影响獭兔的健康与繁殖。

兔舍光源有太阳光和人工灯具照明 2 种形式。我国养兔多以自然光照为主,辅以人工光照。如果当地日照时间过短,不足部分需人工补充到额定时间;若夏季光照时间过长,可用窗帘黑布遮蔽窗户控制光照。

人工灯具常见的有白炽灯、荧光灯,兔舍常用的是 25～40 瓦的白炽灯或 40 瓦的荧光灯,同时由于獭兔是笼养,需要注意底层的光照,灯的位置可以安在粪道中间,高度调节到兔笼中层的位置。灯距应是灯高度的 1.5 倍或 2～3 米。

(四)兔舍的清粪管理

由于兔舍内的粪便会被其中的微生物分解产生有害气体,同时还会提高兔舍内的湿度,所以兔舍内的粪尿一定要及时清理。这不但有利于降低舍内有害气体浓度和空气湿度,而且可以减轻兔舍的通风压力,降低兔的呼吸道等疾病的发病率。

一般小型兔场多采用人工清粪的方式,虽然这种方式容易做到粪尿分离,便于粪污的后续处理,但耗费人力。舍内环境状况主要取决于粪便能否及时清理,与饲养人员的责任心密切相关。

水冲清粪的方式操作方便,劳动强度低,但造成兔舍潮湿,加大了兔舍的通风换气难度,同时降低兔粪的肥效,不但耗水量大,而且增大了粪污的处理压力,容易污染兔场的地下水源。因此,不提倡采用水冲清粪方式。

大型兔场大多采用机械清粪,一般使用刮板和传送带。刮板清粪是目前兔舍最常见的机械清粪方式,结构简单,安装使用方便。但是刮粪板和牵拉绳索容易受到粪尿的腐蚀损坏,使用寿命短,需要定期维修更换。传送带清粪在大型兔场的使用逐渐增多,这种清粪方式简单方便、清洁卫生,但是设备投资较大,对设备要求较高,设备选择不当容易出现噪声大、传送带打滑的问题。

三、兔场的场址选择与布局

(一)场址的选择

选择兔场场址,既要考虑獭兔的生长特点,又要考虑建场地点的自然条件和社会条件。

1. 地势　兔场应选在地势高、有适当坡度、背风向阳、地下水位低、排水良好的地方。场址的地下水位应在 2 米以上,地势过低容易造成潮湿环境,地势过高则容易造成过冷环境,均有损獭兔的健康。低洼潮湿、排水不良的场地不利于家兔体热调节,而有利于病原微生物的生长繁殖,特别是适合寄生虫(如蜱虫、球虫等)的生存。为便于排水,兔场地面要平坦或稍有坡度(1%～3%)。

2. 地形　地形要开阔、整齐、紧凑,不宜过于狭长或边角过多,以便缩短道路和管线长度,提高场地的有效利用率。为节约资金和便于管理,可利用天然地形、地物(如林带、山岭、河川等)作为天然屏障和场界。

3. 土质　理想的土质为沙壤土,其兼具沙土和黏土的优点,透气、透水性好,雨后不会泥泞,易于保持适当的干燥。其导热性差,土壤温度稳定,既利于家兔的健康,又利于兔舍的建造和延长使用寿命。

4. 水源　理想的兔场场址,应水源充足,水质良好,符合饮用水标准。家兔平均每兔每天用水量为 0.25～0.35 升。水源以自来水、泉水比较理想,其次是井水、流动江水,禁用死塘水和被工业及生活污水污染的江、河、湖水。总的要求是水量足,不含过多的杂质、细菌和寄生虫,不含腐败有毒物质,矿物质含量不应过多或不足,还要便于保护和取用。

5. 交通 兔场场址应选择在环境安静、交通方便的地方,距离村镇不少于 500 米,离交通干线 300 米,距一般道路 100 米以外。大型兔场建成投产后,物流量比较大,如草料等物资的运进、兔产品和粪肥的运出等,对外联系也比一般兔场多,若交通不便势必增加开支。因此,工厂化养兔要求交通便利。

6. 兔场朝向 兔场朝向应以日照和当地的主导风向为依据,使兔舍长轴对准夏季主导风。我国大部分地区夏季盛行东南风,冬季多东北风或西北风。所以,兔舍朝向以南向较为适宜,这样冬季可获得较多的日照,夏季则能避免过多的日射。

兔场的周围环境主要包括居民区、交通、电力和其他养殖场等。家兔生产过程中形成的有害气体及排泄物会对大气和地下水产生污染,因此兔场不宜建在人烟密集的繁华地带,而应选择相对隔离的偏僻地方,有天然屏障(如河塘、山坡等)作隔离则更好。大型兔场应建在居民区之外 500 米以上,处于居民区的下风头,地势低于居民区。但应避开生活污水的排放口,远离化工厂、屠宰场、制革厂、造纸厂、牲畜市场等,并处于它们的平行风向或上风头。兔子胆小怕惊,应远离噪源,如铁路、石场、打靶场等场所。

(二)科学的建筑布局

兔场布局应从人和兔的保健角度出发,在地势和风向上进行合理的安排和布局,建立最佳的生产联系和卫生防疫条件,合理安排不同区域的建筑物,特别是大型兔场,应是一个完善的建筑群,兔场可分为生产区、管理区、兽医隔离区和生活福利区等。各个区域内的具体布局,则本着利于生产和防疫、方便工作及管理的原则合理安排。

1. 生产区 生产区即养兔区,是兔场的主要建筑,包括种兔舍、繁殖舍、育成舍、育肥舍或幼兔舍等。生产区是兔场的核心部分,其排列方向应面对该地区的常年风向。为了防止生产区的气味影响生活区,生产区应与生活区并列排列并处于偏下风位置。优良种兔舍(即核心群)应置于环境最佳的位置,育肥舍和幼兔舍应靠近兔场一侧的出口处,便于出售。生产区入口处以及各兔舍的门口处,应有相应的消毒设施,如车辆消毒池、脚踏消毒池、喷雾消毒室、紫外灯消毒室等。生产区的运料路线与运粪路线不能交叉。

2. 生产辅助区　生产辅助区主要包括饲料加工车间、饲料库(原料库和成品库)、维修车间、尸体处理处、粪场、变电室、兽医诊断室、病兔隔离室、供水设施等,应与生产区隔开单独成区,但为了缩短管线和道路长度,应与生产区保持较短的距离。

3. 管理生活区　管理区是办公和接待人员的地方,通常由办公室、接待室、陈列室和培训教室组成。其位置应尽可能靠近大门口,使对外交流更加方便,也减少对生产区的直接干扰。

生活区主要包括职工宿舍、食堂和文化娱乐场所。为了防疫应与生产区分开,并在两者入口处设置消毒设施。办公区应在全场的上风向和地势较好的地段。

4. 附属建筑　兔场的附属建筑有剪毛室、人工授精室、饲料贮藏及加工室等。总体布局确定之后,在场区平面布置方面应注意以下几个问题。

第一,一般建筑物应按南北向布局,长轴与地形等高线平行,以利减少土方工程。

第二,为加强兔舍自然通风,降低舍温和湿度,纵墙应与夏季主导风向垂直。

第三,生产区四周应加设围墙,凡需进入生产区的人员和车辆均需严格消毒。

第四,合理确定建筑物间距,自然通风和自然采光的兔舍,兔舍间距以檐高的3~5倍为宜。

第五,场区四周及各区域间应建植绿化带,有条件的地方可设防风林。

四、兔舍建筑

兔舍设计必须符合獭兔的生活习性,有利于其生长发育、配种繁殖及提高产品品质;有利于保持清洁卫生和防止疫病传播;便于饲养管理,有利于提高饲养人员的工作效率;有利于实现机械化操作。

当前,各地所建兔舍类型有:封闭式、棚式、半开放式和开放式。一些国家为了创造利于獭兔生产的环境条件,广泛采用组装式和环境控制式兔舍,组装式兔舍的墙壁和门窗是活动的,天热时可局部或全部拆卸,成为半开放式、开放式或棚式兔舍,冬天则安装成封闭式兔舍;环境控制式兔舍就是在封闭式兔舍内完全靠人工来调节小气候,无窗兔舍内无窗户,舍内的温度、气流、光照等均用人工方法控制在适宜的范围内。

(一)因地制宜选舍型

必须建造适合当地自然条件的兔舍。各地养兔户(场)的生产实践证明,以坐北朝南、大窗户、单列式兔舍效果最好。该种兔舍具备通风、向阳、干燥的条件,是最理想的一种兔舍。天暖时,前后窗户可以全部打开,使兔舍空气流通,几乎没有任何气味;天冷和刮风下雨时,将窗户关闭,避雨、保温防寒。这种兔舍由于窗户大又是单列式,所以阳光十分充足,并可通过遮阳控制光线进入。兔舍坐北朝南,东西走向。每间净宽 3.5 米,净长 50 米,前墙高 2.8 米,后墙高 2.2 米。屋顶可模仿普通民房,也可用其他材料,关键是能防晒,有保暖性,墙体用砖砌成。地面及出粪道用砖砌好后,水泥抹面。前墙窗户距地面 50 厘米,规格为 3 米×

1.5 米,窗户外罩有纱窗;后墙窗户规格为 1 米×1.2 米,外罩纱网。每间兔舍的前后均有窗户,有条件的装上玻璃,没条件的可用透明厚塑料薄膜代替,通风时卷起,保暖时放下。舍内设 1 排兔笼,笼前 1.3 米,为人行道,铺上瓷砖或水磨石砖,便于饲养人员推车上料等操作。笼后紧贴笼体设 50 厘米宽的粪沟,靠后墙为 60 厘米宽的过道。

钟楼双列式兔舍在南方普遍采用。这种兔舍沿兔舍的墙壁纵向布置 2 列兔笼,共用一条通道,笼外设有粪沟。这种兔舍的主要优点是通风好,夏季凉爽,冬季保暖,笼位多,单位成本低,但光照相对要差一些。

(二)建筑材料

要因地制宜,就地取材,尽量降低造价,节省投资。由于獭兔有啮齿行为和刨地打洞的特殊本领,因此建筑材料应具有防腐、保温、坚固耐用等特点,宜选用砖、石、水泥、竹片及耐腐蚀处理的金属网片等。

(三)设施要求

兔舍应配备防雨、防潮、防风、防寒、防暑和防兽害的设施,以保证兔舍通风、干燥,光线充足,冬暖夏凉。屋顶有覆盖物,具有隔热功能;室内墙壁、水泥预制板、兔笼的内壁、承粪板应坚固耐用,便于除垢、消毒;地面应坚实、平整、防潮,一般应高出兔舍外地面 20~25 厘米。兔舍窗户的采光面积为地面面积的 15%,阳光的入射角度不低于 25°~30°。兔舍门要求结实、保温、防兽害,门宽、高应方便饲料车和清粪车的出入为宜。

(四)兔舍容量

大中型兔场,每幢兔舍以饲养成年兔 500~1 000 只为宜,或

1～2个饲养员的饲养量为标准，以便于精细管理。

（五）兔舍的排水要求

在兔舍内设置排水系统，对保持舍内清洁、干燥有重要的意义。如果兔舍内没有排水设施或排水不良，将会产生大量的氨、硫化氢和其他有害气体。排水系统主要由排水沟、沉淀池、地下排水道、关闭器和粪水池组成。

1. 排水沟　主要用于排除兔粪、尿液、污水。排水沟的位置设在墙角内外，或设在每排兔笼的前后。各地可酌情设计。排水沟要求不透水，表面光滑，便于清洁，有一定斜度便于尿液顺利流走。

2. 沉淀池　是一个四方小井，作尿液和污水中固体物质沉淀之用，它既与排水沟相连，也与地下水道相接。为防止排水系统被残草、污料和粪便等堵塞，应在沉淀池的入口处设置金属滤隔网，降口上加盖。

3. 地下排水道　是沉淀池通向粪水贮集池的管道，通向粪水池的一端，最好开口于池的下部，以防臭气回流。管道要呈直线，并有$3°\sim5°$的坡度。

4. 关闭器　用以防止分解出的不良气体由粪水池流入兔舍内。关闭器要求密封、耐用。

5. 粪水贮集池　用于贮集舍内流出的尿液和污水。应设在舍外5米远的地方，池底和周壁应坚固耐用，不透水。除池面上保留80厘米×80厘米的池口外，其他部分应密封，池口加盖。池的上部应高出地面5～10厘米，以防地面水流入池内。

（六）兔舍内的道路和粪沟

兔舍内道路地面要求平整无缝、光滑，耐消毒剂的腐蚀。"面对面"两列式兔笼间地面呈中间高、两边略低状，宽1.5米左右；"背靠背"式兔舍地面应向粪沟一侧倾斜，宽度以保证工作车辆正常通过为宜。

目前,兔舍内清粪方式有两种:一种是人工清粪;另一种是机械清粪,即自动刮粪板或传送带装置。人工清粪粪沟位置:棚式兔舍设在兔笼后壁外;封闭兔舍,"面对面"的两列兔笼之间为工作走道,靠近南北墙各有一条粪沟;"背靠背"的两列兔笼之间为粪沟,靠近南北墙各有一条工作走道。粪沟宽度:以清粪工具宽度为宜,如用铁锹,宽度约20厘米,并向排粪沟一侧倾斜。

机械清粪粪沟位置:通常可用于"背靠背"双列式兔笼,位于两列兔笼中间。粪沟宽度:垂直式兔笼,粪沟宽度应综合考虑自动清粪装置的经济性和兔舍跨度统筹决定;阶梯式兔笼,粪沟宽度大于底部兔笼外沿左右各约15厘米,同时向排粪沟一侧倾斜。

排水沟必须耐腐蚀、不透水,表面光滑,便于清洁,有一定斜度便于尿液顺利流走。

(七)兔舍门窗通风设计

在建造兔舍时,要注意门窗的位置。寒冷地区,兔舍的北侧、西侧应该少设门窗,并且要选择保温性好的轻质门窗,最好是双层窗,门窗要密合,以防漏风;不要用钢窗,因为钢窗传热快,不耐腐蚀。在炎热地区,应设南北窗,加大窗户面积,以便于通风采光。

门的宽度一般为1.2～1.6米,高度为2米,单开、双开均可。一幢兔舍通常设2个门。窗户面积与兔舍面积之比约为1:10。非寒冷地区,窗户面积越大越好。

通风是控制兔舍内有害气体的关键措施。设计兔舍时,方向最好是坐北朝南。此外,为了保障自然通风顺畅,兔舍不宜建得过宽,跨度不大于8米为好,空气入口处除气候炎热地区应低一些外,一般要高些;同时,可在墙上对称设,排气孔的面积为舍内地面面积的2%～3%,进气孔为3%～5%。

五、兔舍设备

獭兔的饲养方式较多,主要有笼养、地面平养及户外散养等方式。

目前,我国獭兔饲养大多为笼养,笼养占地面积小,给笼具配套相应的饮水、饲喂器具和产仔箱等设备,饲养管理方便。笼养又有传统笼养和福利条件好的富集型笼养两种方式。我国兔业发展较晚,目前普遍采用传统笼养方式,传统笼养采用商业型笼具,尺寸偏小,仅配套饮水、采食、产仔等必要设备,满足獭兔生理需求。选择养殖设备时,首先要尽可能满足獭兔的生物学特性和生理需求,其次要便于饲养员生产管理操作、提高劳动效率,并利于疫病防控。

地面散养、户外散养都属于福利养殖,目前这种饲养方式在我国仅在传统养殖农户中或为满足欧洲福利要求的出口型企业中存在少许。

(一)笼 具

兔笼一般有水泥板兔笼和金属兔笼2种形式。水泥板兔笼在我国山东、江苏、浙江、四川、重庆等地区的开放式商品兔舍广泛使用。水泥板兔笼较坚固,耐腐蚀,也能有效预防相邻笼具之间兔子相互吃毛的现象,在一定程度上可控制传染病的快速传播。但是,不适合纵向机械通风的兔舍。金属兔笼具有通风透光、易消毒、使用方便等优点,更适合密闭式兔舍使用。目前,我国兔场使用的金属笼多为冷镀锌、冷拔钢丝焊接而成,耐腐蚀性较差,一般只能使用2~3年。热浸锌冷拔钢丝抗腐蚀性强,不易生锈,使用年限长,但价格也高。对于打算长期养殖的规模化兔场建议采用热浸锌兔笼;对于有较强实力的投资者,也可以考虑采用更保值的不锈钢兔笼。

1. 笼具尺寸与结构 目前,生产中使用的笼具有种兔笼、商品兔笼和母仔公用的兔笼。兔笼大小一般以獭兔能在笼内自由活动为原则,一般来说种兔笼要比商品笼稍大一些。此外,还要根据不同年龄段獭兔的生理特点设计笼底板网孔、钢丝直径及兔笼尺寸。

兔笼主要由笼壁、笼底板、承粪板和笼门等构成。

笼壁有不同材质,有砖块、水泥板、竹片、钢丝网等。采用砖砌或水泥作为材料时,必须留承粪板和笼底板搁肩,搁肩宽度以3.5厘米为宜;采用竹、木栅条或金属板条,栅条宽15～30毫米、间距10～15毫米为宜。

笼底板是兔笼最重要的部分,若制作不好,如间距太大、表面有毛刺等,容易造成獭兔腿脚损伤、发生脚皮炎。笼底板要便于獭兔行走,便于定期清洗、消毒。笼底板一般采用竹片、镀锌钢丝制成。

竹片底板要求竹片光滑,宽2.2～2.5厘米,厚0.7～0.8厘米,竹片间距1～1.2厘米。竹片钉制方向应与笼门垂直,以防獭兔脚形成向两侧划水的姿势。由于竹片底板是养殖户根据经验人工制造的,所以很多竹片底板存在表面凹凸不平、板条间距不等、规格不统一等问题,同时由于竹片材料本身的特性,又存在表面过于光滑、长期使用板条潮湿、不易彻底消毒、存在霉菌等问题。

镀锌钢丝底板则不存在上述问题,镀锌钢丝制成的兔笼底网缝宽13～15毫米,小兔底网缝宽不超过13毫米,垂直网网眼规格为50毫米×13毫米或75毫米×13毫米,钢丝直径不得低于2.5毫米,最好在2.5毫米甚至3毫米以上。

承粪板存在于多层兔笼中,位于上下层笼具之间。承粪板的材料多样,以光滑、不挂粪、不易吸附氨气、便于清理消毒为宜。在多层兔笼中,上层承粪板即为下层兔笼的笼顶,为避免上层兔笼粪尿、污水的污染,承粪板应向笼体前面伸出3～5厘米,后面伸出5～10厘米。此外,还要考虑安装时满足一定的倾斜度,呈前高后低,角度为25°～30°,以便粪尿经承粪板面自动落入粪沟,利于清扫。承粪板达到45°角才能使粪便自动落入粪沟,但是角度过大,上下兔笼间距就要变大,兔笼太高不便于上层兔笼管理等。

笼门一般安装于多层兔笼的前面或单层兔笼的上方,要求内侧光滑、启闭方便、能防御兽害,食槽、草架、饮水装置最好安装在笼门外,尽量做到不开门喂食,以节省劳动时间。

为便于操作和维修,兔笼总高度应控制在2米以下,笼底板与承粪板之间及底层涂料与地面之间应有适当的空间。通常,笼底板与承粪板之间的距离:前面5～10厘米,后面20～25厘米;底层兔笼与地面间的距离30～35厘米,以利于通风、防潮,使底层獭兔有较好的生活环境。

2. 种兔笼与产仔箱 产仔箱是兔产仔、哺乳的场所,也是3周龄前仔兔的主要生活场所。在母兔产仔前放入笼内或悬挂在笼门外。产仔箱多用木板、纤维板、硬质塑料或镀锌板制成。主要有以下样式。

(1)内置产仔箱 一般为1～1.5厘米厚,规格为40厘米×26厘米×13厘米的长方形箱。箱底有粗糙锯纹,并留有间隙或小洞,使仔兔不易滑倒并有利于排除尿液。产仔箱上口周围平滑,以免划伤仔兔和母兔。内置式产仔箱放置在母兔笼内,占用笼内空间,母兔活动空间减少,不便于饲养人员看护仔兔;若要实现母仔分离,每次哺乳都需要搬运产箱,操作繁琐、费工费时。

(2)悬挂式产仔箱 一般用保温性能好的发泡塑料或轻质金属等材料制作,悬挂于母兔笼门的外侧,在与兔笼连接的一侧留有一个大小适中的洞口与母兔笼相通,产仔箱上方有活动盖板。这类产仔箱不占笼内面积、方便管理;采用挂钩与母兔笼相连时要求笼壁承重能力好;由于挂在母兔笼外面,开启笼门需拿掉产仔箱,影响饲养员管理操作;外挂式产箱稳定平衡性能差,易造成母兔不安全感。

(3)母仔一体笼 一种是将产仔箱与母兔笼左右并列布置,适用于养殖户;另一种为欧洲兔场普遍采用的母仔一体笼,类似于悬挂式产箱,但产仔箱和母兔笼底网设计一体,产仔箱设在母兔笼前方,方便对仔兔的照料。产仔箱和母兔笼上盖设可开启的门,一般在仔兔断奶后,母兔转走,抽离母兔笼和产仔箱之间的隔板,仔兔原地育肥,可以减小仔兔转群和断奶应激,适用于规模化獭兔养殖场。母仔一体笼操作方便,可以简化仔兔保育管理,提高劳动效率,同时便于种兔舍做到"全进全出",方便管理。

(二)饲喂设备

獭兔喂料方式有人工、半自动和全自动等方式。目前,我国绝大多数兔场采用人工喂料,个别规模化兔场采用机械喂料。在欧洲普遍采用半自动和全自动喂料方式。

1. 人工喂料 我国獭兔养殖最常见的喂料方式是在每个兔笼前网片上悬挂一个料盒,料盒与兔笼门左右并排放置,喂料时人工用小铲将兔颗粒饲料逐一加入料盒。人工喂料基本可以做到定量饲喂,但耗时耗人工,同时频繁的取料、加料很容易将饲料撒到料盒外面,饲料浪费严重,喂料消耗大量劳动力,管理仔兔和母兔的时间减少。

2. 半自动喂料 兔场种兔笼采用单层排布,母仔一体笼,母兔笼后上方采用通长食槽,其喂食效率高。商品兔笼采用与笼养蛋鸡类似的通长料槽,即在每列兔笼前端设有一个通长饲料槽,通过配套笼具的设计,给每个獭兔隔出采食位。将原来的每次饲喂仅对应一个笼位改造为对应一列笼位,可人工撒喂饲料。通常食槽兔笼可以采用人力推动式或轨道式给料车等半自动或全自动喂料形式。与我国传统人工喂料方式相比,加快了喂料速度,减轻了劳动强度;同时降低了饲料浪费,而且在余料处理上较传统的料盒式更为方便,且这种半自动喂料方式对饲料颗粒硬度要求不高,设备投入也小。从目前我国獭兔养殖现状来看,对于养殖户推广提高喂料效率的人工喂料工艺和配套笼具从经济上更为可行。

3. 自动喂料　饲喂方式与肉鸡喂料方式基本相同,将家禽养殖中的搅龙式喂料设备根据兔笼布列改造,使一条料线供给两列兔笼。但是搅龙式自动喂料系统对饲料颗粒硬度要求较高,而我国使用的兔饲料质地相对较软,会造成饲料破损,影响獭兔进食和呼吸道健康。需要改进饲料加工工艺。此外,我们还可以根据国内兔饲料的品质来改变自动喂料方式,开发适合此硬度饲料的自动喂料系统。国家兔产业技术体系养殖设施与环境调控岗位,研制开发了适合中国现阶段低强度颗粒饲料的行车自动喂料系统及配套的新型兔笼。行车自动喂料系统由喂料行车、轨道、牵引绳、头尾架等配件组成,料车在行进的过程中饲料靠重力落入下方的料槽,完成自动喂料,降低了饲料破损率。

虽然自动化喂料的成本较高,但是在劳动力缺乏、人力成本高的经济发达地区,自动喂料系统终将取代人工喂料。

(三)饮水设备

我国兔场饮水设备有两种:简易饮水槽和乳头饮水器。

简易饮水槽多应用于小规模兔场,一般是在每个兔笼内固定安置一个盛水容器,一般是水碗或者瓷瓶,供兔饮用;或者将盛水玻璃瓶或塑料瓶倒置固定在笼壁,瓶口接一橡皮管通过前网伸入笼门,利用压力控制水从瓶中流出,供兔饮用。这两种方法都增加了劳动量,同时水质容易污染,且较为费水。

一般规模化兔场采用乳头式自动饮水器。乳头饮水器具有饮水方便、卫生、节水的优点。弹簧式乳头饮水器是由外壳、阀套、触流阀杆、复位弹簧和复位顶珠构成的一种弹簧式结构,靠其中弹簧的压力保持密封,其密闭程度和使用年限取决于弹簧的质量。弹簧式自动饮水器,使用寿命短,弹簧易变形而使密封器密封不严,严重漏水,易导致舍内潮湿,空气质量下降,通风压力加大,粪污总量加大及后期处理困难等问题。钢球阀结构乳头饮水器,由外壳、阀套、阀杆、阀球组成,球阀芯体为不锈钢材质,可直接装在水管上,利用芯体重力下垂密封,兔需水时,触动阀杆,水即流出。该类饮水器依靠水压及钢球、阀芯的自重力保障系统的密闭性,从而大大延长了使用年限。相对于弹簧式乳头饮水器,自重力乳头饮水器的投入成本高,但在使用年限上却远高于弹簧式乳头饮水器,平均投入并不比弹簧式乳头饮水器高,并且其环境效益十分显著,从长远看是十分合算的。

乳头饮水器可以大大降低劳动强度,提高工作效率。但是水质对其有很大影响,输水管道内容易滋生苔藓和微生物,造成水管堵塞,并且容易诱发消化道疾病,要定期对饮水器和输水管进行清理。乳头式饮水器通常安装在兔笼的前网或者后网上,安装高度 18～22 厘米;也可以安装在后面的顶网上,安装时一定要靠近后网,距离后网壁 3～5 厘米。饮水器不可以直接接在高压水管上,必须经过一次减压,发现漏水滴水,应及时修理更换。

要保证兔的饮用水安全卫生,可以对舍前地下水进行消毒,也可以对每个兔舍的储水箱消毒。假如兔场的粪污处理不当,污水贮存与排放沟的防渗处理不善,粪污直接排放,长时间可能会使地下水资源受到污染。一般建厂时间越长,地下水受污染的可能性越大,对生产的影响也更大,因此这类兔场对于饮用地下水必须进行消毒,以保障獭兔的健康。

（四）清粪设备

兔场的清粪方式主要有人工清粪、水冲清粪和机械清粪三种。

人工清粪，在我国劳动力资源丰富的地区，较小规模的兔场大多采用。因为人工清粪虽然劳动强度大但是设备简单，粪尿分离，粪便收集率高，用水量很小，粪污排放量也小。

水冲清粪，粪沟倾向粪水池的坡度为 $0.5\% \sim 1\%$，仅需在粪沟一端设水管，需要清粪时，将水管打开。水冲粪操作简便，劳动强度小，但用水量大，舍内潮湿，粪便收集率低，氮磷等养分流失严重，兔场排污总量大幅提高，给后期粪污处理造成很大压力，易造成严重的环境污染；同时，可能威胁地下水安全，且在寒冷地区冬季出粪口易冻结。獭兔粪便含水率低，适合采用固态粪处理办法，一般情况下不建议兔场使用水冲清粪方式。

机械清粪，由于设备一次性投入大，维护成本高，但是劳动强度小，适合规模化兔场使用。机械清粪有刮粪板清粪和传送带清粪两种方式。

刮粪板清粪设备主要由牵引机、刮粪板、钢丝绳、转角滑轮及电控装置组成。但是拖动刮粪板的钢丝绳容易腐蚀损坏，要考虑选用其他优质材料代替，同时由于华北和东北地区冬季寒冷，清粪机不能将粪污直接刮到室外，容易结冻，影响清粪。

传送带清粪系统主要由电机装置、链传动、主被动辊、传送带等组成。传送带安装在每层笼具下面，当机器启动时，由电机、减速器通过链条带动各层的主动辊运转，在被动辊与主动辊的挤压下产生摩擦力，带动承粪带沿笼组长度方向移动，将粪尿输送到一端，被端部设置的刮粪板刮落，从而完成清粪作业。传送带清粪的效果较刮粪板效果更好，规模化兔场可根据实际情况选用。

机械清粪可以降低清粪劳动强度，提高饲养员的工作效率；粪尿的及时清理，有效降低了舍内氨气含量和湿度。从形式上，人工清粪和机械清粪属于干清粪，可以做到干湿分离，能够为舍内提供相对干燥的环境；同时，使排污减量，对后期粪污处理比较有利。

（五）笼具排布及配套

兔场笼具摆放一般有单层平列式、阶梯式、重叠式。要根据兔场实际情况选择恰当的布置方式，做到兔笼与清粪、喂料、饮水系统配套，满足獭兔的生理需求。

1. 单层平列式布置 单层平列式布置兔笼，饲养密度低，主要用于饲养繁殖母兔。商品兔笼可以采用四列并排的单层兔笼以提高养殖密度，多见于欧洲兔场繁殖母兔养殖。单层平列式布置便于使用自动饲喂设备，也可采用通长料槽的人工饲喂方式，提高了喂料效率，也方便对仔兔、母兔的管理，也宜采用机械清粪。

2. 重叠式布置 重叠式兔笼相互叠加，粪便落在承粪板上，自动滚落到粪沟里，再由刮板、人工或传送带等方式清理。这种形式饲养密度较高，下层可饲养种兔；上层太高，不易管理，可用于饲养商品兔。通过改进笼具设计可以实现饲喂自动化，种兔笼采用多层重叠式不便于实现"全进全出"制周转，小规模兔场可以选用。

3. 阶梯式布置 阶梯式布置多为两层兔笼，上下兔笼间部分交错部分重叠。阶梯式种兔笼一般下层兔笼的笼门位于兔笼顶部，上层笼具的笼门位于前面，可采用机械喂料和机械清粪。该布置相对平列式饲养密度略有提高，下层可饲养繁殖母兔，上层笼太高，不易管理，常用于饲养商品兔，也可用于非哺乳期母兔的周转，但商品兔与繁殖母兔混合饲养不能实现整栋兔舍的"全进全出"周转。这种布置方式既可采用人工喂料，也可采用机械喂料，但无法实现人工清粪，需采用自动清粪方式。阶梯式商品兔笼可以显著提高饲养密度，但需配合机械化的喂料和清粪设备；同时，由于饲养密度大，对兔舍环境的要求高，需加强舍内的通风换气调控。

根据目前我国兔场的实际情况和饲料状况，推荐使用阶梯式兔笼。

(1)阶梯式种兔笼 可采用母仔一体笼,笼底相连,仔兔笼位于前方,靠近管理走道,方便饲养员对仔兔的照料,但考虑到饲料清理等问题,料盒置于仔兔笼后方、母兔笼前部,不影响母兔采食的同时也方便人工喂料和清理料盒。料盒上方设有通长的料槽,槽底开孔与料盒相接,通长的料槽便于自动喂料和人工喂料。仔兔笼顶网片和母兔笼顶网片为兔笼门,均可整体掀开,方便抓取兔子。

(2)阶梯式商品兔笼 可以分为2~3层,设有整体可掀开的前网片和通长的倒梯形料槽,兔笼前网片跨于料槽中间,约1/3料槽在网片外侧,2/3料槽在网片内侧。网片内侧的料槽设有分隔板隔开每个采食位,以免采食时相互影响,同时也可避免粪便污染饲料;网片外侧料槽方便人工撒喂,也可以采用行车撒料。

总之,兔舍内兔笼布置及配套饲喂、清粪、饮水设备的选择应根据兔场实际情况来考虑,以提高劳动效率。兔笼样式决定了养殖工艺和家兔周转,目前我国多数兔场养殖工艺用工量大,饲养管理繁琐,不利于提高劳动效率;同时,我国獭兔养殖普遍缺乏高技术饲养人员,这是我国母兔繁殖力和仔兔成活率低的主要原因之一。改变笼具样式、喂料和清粪方式,将养殖技术人员从高体力消耗的清粪、喂料工作中解脱出来,专注于种兔繁殖、仔兔管理等技术工作,才能提高养兔技术水平,培养技术型饲养人员,我国的獭兔养殖才能更加高效、健康的发展。

第三章
獭兔饲料与饲料加工技术

一、獭兔的常规饲料的开发与利用

（一）獭兔饲料的种类

饲料是獭兔满足营养需要，进行生产的物质基础，獭兔是以食草为主的单胃杂食性动物，所能采食的饲料种类很多，在生产实践中，凡是能被兔采食、消化、利用而对身体没有毒害作用和副作用的物质都可作为饲料。我国地域辽阔，饲料种类繁多，如何利用好各种饲料资源，是提高獭兔生产性能、减少疾病、降低饲料成本的关键。根据国际饲料分类的原则，以饲料干物质中的化学成分含量及饲料性质基础，将饲料分成 8 大类：粗饲料、青绿饲料、青贮饲料、能量饲料、蛋白质饲料、矿物质饲料、维生素饲料和饲料添加剂。

（二）各类饲料的特点、资源开发和利用

1. 能量饲料的特点、资源开发和利用　能量饲料是指饲料干物质中粗纤维含量低于 18%，粗蛋白质低于 20% 的一类饲料。其主要特点是含能量较高，主要为獭兔提供能量，在家兔饲养中

占有极其重要的地位。能量饲料主要包括谷实类及其加工副产品、块根和块茎类、瓜果类。此外,饲料工业上常用的油脂类、糖蜜类也属于能量饲料。

(1)谷实类饲料 大多是禾本科植物成熟的种子,是家兔能量的主要来源。主要特点是:干物质含量高、容重大、无氮浸出物含量高,一般占干物质的66%~80%,其中主要是淀粉;粗纤维含量低,一般在10%以下,因而适口性好,可利用能量高;粗蛋白质含量低,一般在19%以下,缺乏赖氨酸、蛋氨酸、色氨酸;粗脂肪含量在3.5%左右,主要是不饱和脂肪酸,可保证家兔必需脂肪酸的供应;维生素A、维生素D含量不能满足家兔的需要,维生素B_1、维生素E含量较多,维生素B_2、维生素D较少,不含维生素B_{12};钙少磷多,磷多为植酸磷,利用率低,钙磷比例不当。这类饲料的代表种类有以下几种。

①玉米 玉米是最常用的能量饲料,其产量高,含能量高,适口性好,是禾本科植物中能量最高的饲料,有机物消化率可达90%上。但粗蛋白质含量只有8%~9%,而且品质较差,赖氨酸、蛋氨酸和色氨酸含量都很低;钙含量仅为0.02%,磷也只有0.3%。黄玉米中含丰富的胡萝卜素,是维生素A的前体,有利于家畜的生长和繁殖。由于玉米淀粉含量很高,若在饲粮中用量过多,容易出现肠炎,所以獭兔饲料中玉米的含量一般为20%~30%。

②高粱 也是一种重要的能量饲料。去壳高粱和玉米一样,主要成分为淀粉,粗纤维含量低,可消化养分含量高。粗蛋白质含量与其他谷物相似,质量较差,缺乏赖氨酸、蛋氨酸和色氨酸。矿物质中钙少磷多,胡萝卜素及维生素D的含量高,B族维生素与玉米相似,烟酸含量较高,含有单宁,其味涩,獭兔不爱采食,所以,饲喂时要限量。一般在配合饲料中深色高粱不超过10%,浅色高粱不超过20%,去除颖壳后,可以与玉米同样使用。

③小麦 所含能量较高,仅次于玉米、高粱、糙米,亚油酸含

量为 0.8%,粗蛋白质含量高,且品质较好。氨基酸组成中的突出问题是苏氨酸和赖氨酸不足,B 族维生素比较丰富,但因其淀粉组成中多缩戊糖较多,在肠道中容易造成黏性食糜,降低消化率,所以也不宜过多使用,用量可占日粮的 10%～25%。

④大麦　大麦适口性较好,但代谢能值较低,粗纤维含量为 5%左右,含灰分较高(2.5%),矿物质中钙、铜含量较低,而铁含量较多。大麦的粗蛋白质含量较高,约为 11%,其中赖氨酸、色氨酸、异亮氨酸含量比玉米高,脂肪含量较低。维生素含量较少,仅含少量硫胺素、烟酸。含有一定量的多缩己聚糖,饲喂过多会造成粪便黏稠和膨胀病。一般在饲料中用量不超过 20%。

(2)糠麸类饲料　是谷实经加工形成的副产品,包括米糠、小麦麸、大麦麸、玉米糠、高粱糠、谷糠等。糠麸主要由果种皮、外胚乳、糊粉层、胚芽、颖稃纤维残渣等组成。它们的特点是有效能值低,粗蛋白质含量高于谷实类饲料;钙少磷多,磷多为植酸磷,利用率低。含有丰富的 B 族维生素,尤其是硫胺素、烟酸、胆碱等含量较多,维生素 E 含量较少;物理结构松散,含有适量的纤维素,有轻泻作用,是家兔的常用饲料;吸水性强,易发霉变质,不易贮存。

麦麸包括小麦麸和大麦麸。麦麸粗纤维含量多为 8%～15%,脂肪含量较低,属低能饲料,粗蛋白质含量则可达 12%～17%,质量也较好。含丰富的铁、锰、锌以及 B 族维生素、维生素 E 和胆碱。磷含量丰富,但多为植酸磷。大麦麸的能量、蛋白质质量都优于小麦麸。麦麸适口性好,质地蓬松,具有轻泄性,獭兔产后饲喂适量的麦麸,可以调养消化道。由于麦麸吸水性强,大量采食时容易造成便秘,在饲料中的添加量一般为 10%～25%。

米糠为稻谷的加工副产品,一般分为细糠、统糠、米糠饼。细糠是去壳稻谷的加工副产品,由果皮、种皮、部分糊粉层和胚组成。统糠是由稻谷直接加工而成,包括稻壳、种皮、果皮及少量碎米。米糠饼为细米糠经加压提油后的副产品。细糠没有稻壳,营养价值高,容易吸收,但由于含有不饱和脂肪酸较多,易氧化酸败,不易保存,且粗纤维含量高,有效能值较差。米糠饼的粗脂肪和粗纤维含量较低,其他营养成分基本被保存,且适口性和消化率均有所改善。

(3)块根、块茎类及瓜果类饲料 块根块茎类包括马铃薯、甘薯、木薯、饲用甜菜、芜菁甘蓝等,其种类多,营养成分差异大,但在饲养价值方面有共同的特性。新鲜饲料含水量高,多为 75% ~ 90%,干物质相对较少。每单位重量的新鲜饲料所含的营养价值较低,适口性好,粗蛋白质含量仅 1% ~ 2%,并且一半为非蛋白质含氮物,含消化能每千克鲜重 1.80 ~ 4.68 兆焦,属大容积饲料。应注意木薯表皮含有氢氰酸,鲜喂时要先浸泡、煮沸或晒干。干物质中粗纤维含量低,为 2% ~ 4%,粗蛋白质为 7% ~ 15%,粗脂肪低于 9%,无氮浸出物高达 67.5% ~ 88.15%,且为易消化的淀粉或戊聚糖。

2. 蛋白质饲料的特点、资源开发和利用 蛋白质饲料是指在饲料干物质中粗蛋白质含量高于 20%、粗纤维含量低于 18%的饲料。大部分来源于植物,如各种饼粕类、豆科籽实及其加工副产品等,少部分来源于动物,如鱼粉、肉骨粉、血粉、羽毛粉等。

(1)动物性蛋白质饲料

①鱼粉 鱼粉是优质动物性蛋白质饲料,其粗蛋白质含量 55% ~ 75%,含有全部必需氨基酸,且组成平衡,赖氨酸、蛋氨酸含量高,含有大量维生素和钙、磷等矿物质,对家兔生长、繁殖均有良好作用,是较理想的动物性蛋白饲料。但鱼粉价格较高,用量一般在 2% ~ 5%。鱼粉含有特殊的鱼腥味,在育肥兔饲料中不宜大量使用。

②肉粉及肉骨粉 肉粉是由不能供人食用的动物废肉、内脏,经高温高压灭菌、去毒、干燥、粉碎制成。粗蛋白质含量 50% ~ 60%。

含骨量大于10%的称为肉骨粉,粗蛋白质含量为35%～40%。富含赖氨酸、B族维生素,钙磷比例适当,蛋氨酸、色氨酸相对较少,消化率和生物学价值均较高,使用中注意防止发霉变质。适口性较差,一般用量低于5%。

③血粉 由畜禽的血液干燥粉碎制成。血粉的品质因加工工艺不同而有较大差异,主要有纯血粉、发酵血粉、膨化血粉、水解血粉、微生态血粉等。它的消化率在30%～70%,粗蛋白质含量在80%,高于鱼粉。血粉中含有多种必需氨基酸,特别是赖氨酸、色氨酸含量很高,甚至超过鱼粉。但缺乏蛋氨酸、异亮氨酸和甘氨酸,含铁量高。经高温、压榨、干燥制成的血粉溶解性差,消化率低;直接将血液于真空蒸馏器中干燥制成的血粉溶解性好,消化率高。血粉的适口性差,家兔饲料中不宜添加过多,一般用量为3%。

④羽毛粉 羽毛粉是家禽屠宰后羽毛经净化消毒,再经过蒸煮、酶水解、粉碎或膨化而成。羽毛粉含粗蛋白质80%～85%,含胱氨酸特别丰富,赖氨酸、蛋氨酸、色氨酸含量较少。羽毛粉的蛋白质多为角质蛋白,消化利用率低,不宜多喂。如与鱼粉、骨粉配合使用,可平衡营养,提高效果。一般在饲料中添加2%～3%。

(2)植物性蛋白质饲料

①豆饼 豆饼是我国目前饲料中最常用的蛋白质饲料。适口性好,有效能含量高,是獭兔理想的蛋白质饲料。其粗蛋白质含量较高,一般为42%～47%,蛋白质品质较好,赖氨酸含量高,且与精氨酸比例适当。但豆饼蛋氨酸含量不足,而且质量的好坏与加工工艺关系较大,如加热不足,内含抗营养因子(如抗胰蛋白酶和尿酶)活性高,会影响蛋白质利用,不能被獭兔直接利用,如加工过度,不良物质受到破坏的同时,一些营养物质特别是必需氨基酸的利用率也会降低。因此,在使用豆饼时要注意检测其生熟度。加热适当的豆饼应为黄褐色,有香味。在家兔日粮中一般

使用量为 10%～20%。

②棉籽饼　棉籽饼是棉籽制油后的副产品,其营养价值因加工方法的不同差异较大。脱壳棉籽饼含粗蛋白质 41%～44%,粗纤维含量低,能值与豆饼相近。不脱壳的棉籽饼含粗蛋白质 20%～30%,粗纤维 11%～20%。棉籽饼中赖氨酸和蛋氨酸含量低,精氨酸含量较高,硒含量低。因此,在配合饲料时应注意添加蛋氨酸,最好与精氨酸含量低、蛋氨酸含量较高的菜籽饼配合使用,这样既可缓解赖氨酸、精氨酸的拮抗作用,又可减少赖氨酸、蛋氨酸的额外添加。棉籽饼中含有棉酚,结合棉酚在榨油过程中与氨基酸结合,稳定性增强,对獭兔无害,但氨基酸利用率降低;游离棉酚被獭兔摄食后会导致中毒,造成生长受阻,生产力下降,呼吸困难,防疫功能下降,流产,畸形胎,有时死亡。棉籽饼在使用前要进行脱毒,如水煮法,即将粉碎的棉籽饼加入水中煮沸半小时,晾干后即可使用;硫酸亚铁法,棉籽饼中按棉酚含量 1:5 加入硫酸亚铁,搅拌均匀后即可饲喂。

③菜籽饼　菜籽饼是油菜籽脱油后的副产品,有效能含量较低,适口性较差。粗蛋白质含量 36% 左右,氨基酸组成中蛋氨酸含量高,精氨酸含量在饼粕中最低,磷的利用率较高,硒含量是植物性饲料中最高的,锰含量也较丰富。菜籽饼含有较高的芥子甙,它在动物体内水解产生有害物质,可导致獭兔甲状腺肿大。常用脱毒方法:坑埋法、水洗法、加热钝化酶法、氨碱处理法等均可降低含量,提高其在饲料中的使用量。菜籽饼在獭兔饲料中可添加 2%～4%。

④芝麻饼　芝麻饼是芝麻榨油后的副产品,含粗蛋白质 36% 左右,蛋氨酸含量高,达 0.8% 以上,是植物性饲料中含量最高的。赖氨酸含量不足,精氨酸含量高,适口性较差,在獭兔饲料中一般添加 2%～5%。

⑤葵花饼　葵花饼的营养价值取决于脱壳程度。脱壳葵花

饼粗纤维含量较低,粗蛋白质含量为 30%～40%,蛋氨酸含量高于花生饼、棉籽饼和豆饼,赖氨酸含量不足,铁、铜、锰含量及 B 族维生素含量较丰富,在獭兔饲料中可添加 5%～15%。

⑥花生饼粕 花生饼粕是花生榨油后的副产品,其饲用价值仅次于豆粕。蛋白质和能量含量都很高,是优质的蛋白质饲料。其粗蛋白质含量 38%～47%,粗纤维 4%～7%。粗脂肪含量与榨油方法有关,一般含 4%～7%。钙少磷多,钙 0.2%～0.4%,磷 0.4%～0.7%,磷多为植酸磷。花生粕的氨基酸组成不平衡,赖氨酸和蛋氨酸含量较低,分别为 1.35% 和 0.39%;精氨酸和甘氨酸含量却很高,分别为 5.16% 和 2.45%,饲喂时应与精氨酸含量较低的菜籽粕、血粉、鱼粉搭配。花生粕气味芳香,适口性极好,但在使用时应注意以下两方面的问题:第一,花生粕中含有胰蛋白酶抑制因子,加工时应注意温度控制,一般 120℃即可破坏这种因子;第二,花生粕容易感染黄曲霉,其产生的毒素——黄曲霉素易造成獭兔中毒死亡,所以花生粕中的黄曲霉素不可超过 50 微克/千克。因此,花生粕储存期不宜过长。花生粕在獭兔饲料中的用量为 5%～10%。

⑦胡麻粕 又叫亚麻粕,是亚麻籽榨油后的副产品,其粗蛋白质含量为 32%～37%,粗纤维 7%～11%,粗脂肪 1.5%～7%,钙 0.3%～0.6%,磷 0.75%～1.0%,赖氨酸、蛋氨酸含量低,分别为 1.2% 和 0.45%,色氨酸含量较高。胡麻粕中含有抗维生素 B_6 因子,因此,在使用时,应注意维生素 B_6 的添加。胡麻粕中含有亚麻籽胶和硫氰酸甙,后者水解后释放出氢氰酸,具有致命的毒性,饲喂过量可引起肠黏膜脱落、腹泻,动物很快死亡,一般在獭兔饲料中添加量不宜超过 5%。

(3)单细胞蛋白质饲料 又称微生物蛋白或菌体蛋白,是运用微生物发酵技术,使菌体大量生长繁殖并生产单细胞蛋白质,用于饲料工业上,可替代一部分蛋白质原料(豆粕、鱼粉等)。SCP

营养价值高,含较多的粗蛋白质,而且有丰富的氨基酸、维生素和促生长因子,是一种具有较高价值的饲料蛋白质。蛋白质含量40%～60%,氨基酸组分齐全,含有较为丰富的微量元素。SCP主要包括酵母、细菌、真菌及藻类。

酵母菌应用最为广泛,其粗蛋白质含量为40%～50%,生物学价值介于动物性蛋白质饲料和植物性蛋白质饲料之间,赖氨酸、异亮氨酸及苏氨酸含量较高,蛋氨酸、精氨酸及胱氨酸含量较低。含有丰富的B族维生素。藻类是一类分布最广、蛋白质含量很高的微量光合水生生物,繁殖快,光能利用率是陆生植物的十几倍到20倍。目前,全世界开发研究较多的是螺旋藻,其繁殖快、产量高,蛋白质含量高达58.5%～71%,且质量优,核酸含量低,只占干重的2.2%～3.5%,极易被消化和吸收。

3. 粗饲料的特点、资源开发和利用 粗饲料是指水分含量在45%以下,干物质中粗纤维含量在18%以上的一类饲料。主要包括干草类、农副产品类(荚、壳、藤、秸、秧)、树叶类、糟渣类等。其特点是体积大,重量轻,养分浓度低,来源广,种类多,价格低,总能高,可消化能低,维生素D含量高,其他维生素含量少,含磷较少,粗纤维含量高,较难消化。

(1)干草 干草由青草收割后干制而成。其营养价值取决于制作原料的种类、生长阶段与调制技术。就原料而言,豆科牧草的蛋白质质量和数量均好于禾本科牧草,而能量则基本相近。在调制方式上,采用草架和棚内干燥及人工干燥的干草质量好于地面晒制的。特别是采用高温人工干燥(使青草在500℃～1 000℃下10秒完成干燥),几乎可以保存青草的全部营养成分。

豆科牧草是品质优良的粗饲料,粗蛋白质、钙、胡萝卜素的含量都比较高,是饲喂家兔的理想饲料。苜蓿草粉营养平衡、全面,适口性好,家兔喜爱采食,因此成为养兔生产中最常用的人工栽培牧草。其他常用的豆科牧草有红豆草、三叶草、紫云英等。禾本科牧草的营养价值低于豆科草,粗蛋白质、维生素和矿物质含量低,并且纤维性组分的结构和组成品种间差异比较大,消化率变异也大。在农区和山区,野草类饲料资源极其丰富,秋季采集潜力很大,可作为家兔饲草的部分来源。

(2)秸秆 主要包括稻草、玉米秸、豆秸、谷秸等。秸秆营养价值较低,难于消化。秸秆大多可以直接饲喂,经过一定的加工处理如粉碎等物理方法、酸碱处理等化学方法和微生物发酵等,均可提高其营养利用率和经济效益。在獭兔饲料中能部分使用的有稻草和豆秸。稻草含粗蛋白质 3%～5%,消化能 7～8 兆焦/千克,钙、磷含量较低。通过氨化或碱化处理,可在一定程度上提高其营养价值。豆秸是豆科植物成熟后的副产品,其粗蛋白质和消化能都较高,综合营养价值高于禾本科植物。

(3)荚壳类 荚壳类是农作物脱壳后的副产品,包括谷壳、稻壳、高粱壳、花生壳、豆荚等。除了稻壳和花生壳外,荚壳营养成分高于秸秆。豆荚的营养价值比其他荚壳高,含粗蛋白质 5%～10%,无氮浸出物 12%～50%,粗纤维 30%～40%,饲用价值较好。秕壳类饲料,一般质地坚硬,粗纤维中木质素含量高,饲用价值较低,除了花生壳被开发以外,稻壳、谷壳、麦壳和葵花籽壳(盘)等也可以在家兔养殖生产中使用。

4.青绿饲料的特点、资源开发和利用 青绿饲料指天然水分含量在 60% 及其以上的青绿多汁植物性饲料,这类饲料是家兔的基础饲料,其营养特性是水分含量高达 70%～90%,单位重量所含的养分少,粗蛋白质较丰富,按干物质计,禾本科为 13%～15%,豆科为 18%～20%;含有丰富的维生素,特别是维生素 A 原(胡萝卜素),可达 50～80 毫克/千克;矿物质中钙、磷含量丰富,比例适当,还富含镁、锰、锌、铜、硒等必需的微量元素。青绿饲料柔软多汁、鲜嫩可口,还具有轻泻、保健作用。

青绿饲料种类繁多,资源丰富,主要包括天然牧草、栽培牧草、青饲作物、树叶类、田边野草野菜及水生饲料等。

(1)天然牧草 天然牧草主要有禾本科、豆科、菊科和莎草科四大类。按干物质计,无氮浸出物含量 40%～50%,粗蛋白质含量为,豆科 15%～20%,莎草科 13%～20%,菊科和禾本科 10%～15%,粗纤维含量以禾本科较高,约为 30%。其他为 20%～25%。菊科牧草有异味,家兔不喜欢采食。

(2)栽培牧草 栽培牧草是指人工栽培的青绿饲料,主要包括豆科和禾本科两大类,这类饲料的共同特点是富含多种氨基酸、丰富的矿物质元素、多种维生素以及胡萝卜素,产量高,通过间套混种、合理搭配,可保证兔场常年供青,是家兔优质高效生产中重要的青饲料,对满足家兔的青饲料四季供应有重要意义。主要有紫花苜蓿、白三叶、聚合草、黑麦草等。

(3)青饲作物 青饲作物是利用农田栽种农作物,在其结籽前或结籽期刈割作为青饲料,是解决青饲料供应的一个重要途径。常见的有青刈玉米、青刈大麦、青刈燕麦、青刈大豆苗等。青刈作物柔嫩多汁,适口性好,营养价值高,尤其是无氮浸出物含量丰富,一般用于直接饲喂、干制或青贮。

(4)叶菜类 叶菜类饲料种类很多,除了作为饲料栽培的苦荬菜、聚合草、甘蓝、牛皮菜、串叶松香草、菊苣等以外,蔬菜、根茎瓜类的茎叶及野草、野菜等,都是良好的青绿饲料来源。

(5)非淀粉质根茎瓜类饲料 包括胡萝卜、甘蓝、甜菜及南瓜等。这类饲料天然含水量很高,可达 70%～90%,粗纤维含量低,无氮浸出物含量较高,且多为易消化的淀粉或糖分,是家畜冬季的主要青绿多汁饲料。

(6)水生饲料 水生饲料大部分为野生植物,茎叶柔软、细嫩多汁,经过长期驯化选育已成为青绿饲料和绿肥作物。主要有水浮莲、水葫芦、水花生、绿萍、水芹菜和水竹叶等。这类饲料具有生长快、产量高、不占耕地和利用时间长等优点。

5. 青贮饲料的特点、资源开发和利用　青贮饲料是把青饲料或半干饲料装入青贮窖内,在厌氧条件下,依靠乳酸菌发酵制成的能长期保存的饲料。其原理是乳酸菌厌氧发酵产生酸,使青贮饲料的 pH 值达到 3.8～4.2,从而使青贮饲料内包括乳酸菌在内的所有生物活动受到抑制,达到保存饲料的目的。青贮饲料不仅气味芳香,适口性好,而且保存时间长,在任何季节都能被家畜所利用。此外,青贮过程还能杀死青绿饲料中的病菌、虫卵,破坏杂草种子的再生能力。饲喂家兔中为防止酸中毒,用量应控制在日粮总量的 5%～10%。尽量不要给妊娠母兔饲喂青贮饲料,防止引起流产。

6. 矿物质饲料的特点、资源开发和利用　矿物质饲料是补充动物矿物质需要的饲料。它包括人工合成的、天然存在单一的和多种混合的矿物质饲料,主要用来补充钙、磷、钠、氯等常量元素。

(1)石粉　即石灰石粉,是天然的碳酸钙,钙含量一般在 38%以上,是补充钙的最廉价、最方便的矿物质饲料,方解石、白垩石等都是以碳酸钙为主要成分,均可作为钙的来源。

(2)贝壳粉　含碳酸钙 95%以上,含钙 30%以上,是良好的钙源。贝壳须加热消毒处理后再利用,以免传播疾病。

(3)蛋壳粉　含粗蛋白质 12%～14%,一般含钙 24.4%～26.5%。用蛋壳制粉也需消毒处理,以防传播疾病。

(4)骨粉　钙磷比例适当,是补充钙、磷的良好原料,但制作方法不同,其质量差异较大。一般简单蒸煮的骨粉钙、磷含量较低,含有 15%～20%的粗蛋白质,这类骨粉容易发霉变质,不易保存。经蒸制脱脂、脱胶的骨粉含钙 25%～30%,含磷 11%～15%,而且可以长期保存而不变质,在饲料中一般加入 1%～3%。

(5)磷酸氢钙　一种经化工合成的矿物质原料。钙含量 20%～23%,磷含量 16%以上,在日粮中一般添加 1%～2%即可。但应注意需经脱氟处理,其氟含量不应超过 0.2%。

(6)食盐 是钠和氯的来源。在饲料中一般用量为 0.3%～0.5%,以碘化食盐为好,可同时补充碘,提高饲料的适口性,增加食欲。

7. 饲料添加剂 饲料添加剂是饲料中添加的少量成分,这些物质在饲料中起完善饲料营养、提高饲料利用率、刺激家畜生长、防治家畜疾病、减少饲料在储存期间营养物质损失和变质的作用。饲料添加剂的种类繁多,性质各异。按国内较为常用和习惯的分类方法,大体可分为营养性添加剂和非营养性添加剂两大类。营养性添加剂主要包括氨基酸添加剂、维生素添加剂、矿物质微量元素添加剂和非蛋白氮添加剂。非营养性添加剂包括生长促进剂,如抗生素类、合成抗菌药物、酶类、益生素等;驱虫保健类(如抗球虫类、驱虫药)等;饲料保存剂(如抗氧化剂、防霉剂)、青贮饲料添加剂、粗饲料调制剂;其他类添加剂,如食欲增进剂、着色剂、黏结剂、稳定剂、防结块剂、中草药添加剂等。

二、非常规饲料资源的开发

饲料是营养物质的载体,是家兔生长繁育等生命活动的营养来源,是家兔赖以生存的物质基础,没有充足适宜的饲料,养兔将成为一句空话。但是,目前在饲料方面遇到的最大问题是饲料资源的严重不足,尤其是常规饲料,如玉米、豆粕、苜蓿草粉和鱼粉等优质饲料资源,一方面价格昂贵,成本太高,另一方面是资源严重不足。在规模化奶牛业、养猪业、养鸡业和其他畜牧业快速发展的我国,需要大量的常规优质饲料资源,而发展家兔饲养业与其他养殖业争抢常规饲料资源,目前来看处于劣势地位。

我国每年出栏商品兔约 5.3 亿只,加上种兔消耗和死亡损失,年需要饲料总量在 90 亿千克左右。近年来,我国规模化养兔业快速发展,面临的最大障碍就是常规饲料资源的严重不足,因此,发展中国兔业,从饲料的角度来讲,必须另辟蹊径——开发非常规饲料资源。

(一)非常规饲料的定义

日常我们经常提及或配方设计中经常应用的是常规饲料,如能量饲料中的玉米,蛋白质饲料中的豆粕、鱼粉等,粗饲料中的苜蓿或优质青干草等。相对于常规饲料,非常规饲料原料是指在配方中较少使用,或者对其营养特性和饲用价值了解较少的饲料原料。

非常规饲料原料是一个相对的概念,不同地域、不同畜禽日粮所使用的饲料原料不尽相同,在某一地区或某一日粮中是非常规饲料原料,在另一地区或另一种日粮中可能就是常规饲料原料。非常规饲料原料是区别于传统日粮习惯使用的原料,主要包括作物秸秆秕壳、农副产品下脚料、食品医药工业下脚料以及动物粪便等。

(二)非常规饲料原料的特点

非常规饲料原料来源广泛,成分复杂,相互之间差距较大。它们具有如下特点:

多数非常规饲料在生产中很少使用,缺乏系统的研究资料,人们对其认识不足,对于植物性非常规饲料资源来说,大多数是营养浓度较低,粗纤维含量高,木质化程度较高,主要作为草食动物的部分饲料原料;有些非常规饲料含有有毒有害成分,比如抗营养因子或毒素,要清楚其有害成分的种类和含量,使用之前进行脱毒处理或控制用量;多数植物性非常规饲料,尤其是作物秸秆,其体积大、比重小、收集难度大、包装困难、运输成本和人工费用较高;多数作物秸秆类非常规饲料没有受到足够的重视,作物收获之后将其弃之田间地头,受到风吹雨淋日晒,不仅可利用营养浓度受到严重影响,还不同程度地被霉菌污染。因此,这一类饲料营养成分差异较大,也是一种危险性饲料。

与常规饲料原料比较,其营养含量和营养的利用效率数据缺乏,大多数非常规饲料原料的营养价值评定不太准确,没有较为可靠的饲料数据库和应用先例,增加了日粮配方设计的难度;伴随着饲料资源的匮乏与养殖业快速发展形成的矛盾,一些非常规饲料也成为紧缺之物,因此,一些经销商或产地销售者在原料中掺杂、掺假情况比较严重,尤其是花生秧、米糠、大麦芽、芝麻饼等;多数农副加工副产品,如果渣、中草药渣、糟粕类等,由于主产品工厂化生产时间集中,副产品中含有大量的水分,如果不及时干燥,非常容易因堆积发酵而变质;动物的粪便,尤其是肉仔鸡粪便、奶牛粪便,含有较丰富的营养成分,在饲料资源化利用方面,人们存在传统观念上的障碍,利用前必须进行科学处理,保证其安全性;非常规动物性饲料与鱼粉比较,尽管有些含粗蛋白质较高,甚至高于鱼粉(如血粉、羽毛粉等),但氨基酸比例较差,利用效率远远低于鱼粉;有些动物蛋白质饲料(如皮革粉),含有一定的重金属;有的还可能含有污染物(如肉粉或肉骨粉),具有一定的异味(如血粉),影响适口性,使用中有一定的风险,在使用中应该格外注意。

(三)非常规饲料原料的种类

非常规饲料原料主要来源于农副产品和食品工业副产品,是重要的饲料资源,按照它们的营养特性,分为以下几类。

1. 非常规能量饲料 含有能量较高的非常规饲料主要有高粱、小麦、红薯干、麦麸、木薯、稻谷、细米糠、油糠、次粉、枣粉、油渣、动物脂肪和植物脂肪等。

2. 非常规植物性蛋白质饲料 主要有花生饼(粕)、芝麻饼

（粕）、玉米饼（粕）、棉粕、菜籽粕、葵花仁粕、核桃仁粕、葡萄饼粕、椰子粕、棕榈仁粕、豌豆粕、味精菌体蛋白、甜菜粕、米糠饼（粕）、玉米胚芽粕、红花粕、辣椒粕、花椒籽粕、菌体蛋白、维生素 B_{12} 渣、酵母粉等。

3. 非常规动物蛋白质饲料　包括肉粉、肉骨粉、肉松粉、血粉、羽毛粉、蝇蛆粉、蚕蛹粉、蚯蚓粉等。

4. 非常规粗饲料　包括作物秸秆类、秕壳（荚）类、糠麸类、糟渣类、树叶类、木屑枝条类、干草类、果渣类、中草药渣以及中草药下脚料等。

5. 非常规矿物质饲料　除了磷酸钙、石粉、食盐和骨粉以外的矿物质饲料，如沸石粉、膨润土、海泡石、麦饭石、虾壳粉、蛋壳粉、石膏、硫黄、硫酸钠等。

（四）非常规饲料原料的合理利用

鉴于非常规饲料资源数量大、种类多、情况复杂、有地方性的特点，以及它们的营养特性、抗营养成分、物理特性以及经济价值等，应科学开发利用非常规饲料资源，使之变废为宝，从而促进我国规模化养兔业的健康发展。

由于非常规饲料具有地方性特点，对于每一个特定地区，针对当地非常规饲料资源种类决定优先开发顺序，对于某一特定非常规饲料，首先要了解其数量和可获取性；其次要了解当地老百姓对该饲料的认知程度，比如自然状态下牛、羊采食情况；查阅相关资料，对其有一个初步了解；测定其化学成分；进行生物实验，评定饲料的营养价值；生产应用，由少到多，逐渐探索最佳用量；合理配伍，筛选最佳饲料组合和配方，以便在生产中推广应用。

鉴于多数非常规饲料化学结构复杂性和营养利用的特点，通过发酵、粉碎、膨化或微波处理，改善某些劣质饲料的适口性，通过酶制剂对某些原料进行前处理，可以提高它们的消化率。

含有抗营养因子或毒物的饲料原料,通过使用某些添加剂或加工处理,使抗营养因子钝化或脱毒。

开发新的非常规饲料原料时,最好能直接分析或评定饲料成分和能量价值,特别是可利用营养的含量,如有效能值、有效赖氨酸、有效磷等,或者选用或参考可靠的饲料数据,为后人利用提供系统的数据资料。

配方设计时,根据非常规饲料原料的营养浓度、体积和有害成分含量,确定在日粮中的最大用量,在没有把握的情况下,宁少勿多。

配方设计时,注意根据各种原料的营养特性,平衡重要的限制性氨基酸,并调整维生素和微量元素的用量。

用特殊添加剂改善饲料的表观商品价值。例如,补充叶黄素、香味剂、防霉剂、抗氧化剂等,改善含有某些非常规饲料原料的商品饲料的外观状况。

对于畜禽粪便类非常规饲料资源,由于含有复杂的微生物以及代谢产物,必须对其进行一定的加工处理。简单的方法是高温处理,以杀死所有的微生物。但是,这样也同时破坏了其中的生物活性成分。如果采取有益微生物发酵技术,既可以保留有益成分,还可以抑制有害微生物以及有害成分。

(五)非常规饲料资源开发利用的实践

1. 中草药及其下脚料的开发利用 中草药残株的开发利用,如菊花残株、金银花修剪的枝条(忍冬藤)、黄芪残株、枸杞落叶等。这类饲料是收获药物之后的残余物或修剪掉的残枝,其营养含量较低,但干燥程度较高,基本没有受到霉菌污染,是较理想的粗饲料。根据试验,菊花残株在日粮中添加25%左右,黄芪残株添加20%~30%,忍冬藤添加15%左右,效果良好;枸杞落叶添加量可达到30%以上。实践证明,以此为主要粗饲料,家兔的抗病能力明显增强。

野生草药的开发利用,如青蒿。很多地区荒野自然生长,可以作为粗饲料大量使用,具有抗感染、预防球虫病的作用。

2. 作物秸秆、秕壳类的开发利用 这类饲料种类繁多,近年来我们主要在玉米秸秆、花生秧、花生皮、豆秸、谷草、葵花籽壳、统糠等方面进行了一些研究,分别测定了它们的营养含量,并进行饲料营养价值的初步评价和饲料配方的设计与生产试验,取得初步成果。研究表明,玉米秸秆适宜的添加量为 $15\%\sim20\%$,花生壳为 $15\%\sim25\%$,谷草为 $20\%\sim30\%$。

3. 工业副产品的开发利用 这类饲料种类繁多,比如白酒糟、啤酒糟、醋糟、果渣果皮果核、麦芽根、甘蔗渣、甜菜渣等。研究表明,这类饲料营养价值较高,多有一定的特殊味道,有些收集处理不及时有霉变的风险。正常情况下,酒糟、醋糟类适宜用量为 10% 左右,控制在 15% 以内;果渣果皮果核适宜用量为 8%,控制在 12% 以内;麦芽根适宜用量为 20%,控制在 25% 以内;甘蔗渣适宜用量为 10%,控制在 15% 以内;均可取得较理想效果。

总之,非常规饲料资源丰富,品种繁多,利用潜力巨大。下大力气开发非常规饲料资源,是发展我国家兔规模化养殖的必由之路!

三、獭兔的营养需要及饲养标准

（一）獭兔的营养需要

獭兔的营养需要是指獭兔在一定环境条件下维持生命健康、正常生长和良好的生产(繁殖、肥育、产乳、产皮毛)过程中,对能量以及各种营养物质的需要。饲料中被獭兔用以维持生命、生产产品的营养物质可以分为以下六大类:

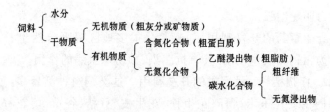

（二）水与獭兔营养

动物对水的需要比对其他营养物质的需要更重要。在正常情况下，獭兔的需水量与采食的干物质量呈一定比例关系，一般采食 1 千克干物质需饮水 2～5 千克。

1. 水的生理作用　水的营养生理作用很复杂，獭兔生命活动过程中许多特殊生理功能都依赖于水的存在。

水是家兔机体细胞的一种主要结构物质。其体内所含水约占其体重的 70%，一般规律是随着年龄和体重的增加而减少。

水是一种理想的溶剂。由于水在獭兔体内不但作为转运半固状食糜的中间媒介，还是血液、组织液、细胞及分泌物、排泄物等的载体。机体内各种营养物质的吸收、转运和代谢废物的排出必须溶于水后才能进行。

水是獭兔机体内化学反应的介质。水参与细胞内、外的化学作用，促进新陈代谢，如氧化还原、有机化合物的合成和细胞的呼吸等过程都离不开水的参与。

有利于獭兔体温的调节。水能够迅速传递和蒸发散失热能，有利于降低机体体温。

润滑保护作用。水作为关节、肌肉和体腔的润滑剂，可以减少关节和器官间的摩擦力。

2. 獭兔对水的需要量及水品质的要求　獭兔对水的需要量一般为采食干物质量的 1.5～2.5 倍，每日每只每千克体重的獭兔需水量为 100～120 毫升。獭兔的需水量随着年龄、季节、环境温度、生理状态、饲料特性等不同而有差异(表 3-1,表 3-2)。炎热的夏季需水量增加;青绿饲料供给充足,饮水量减少;幼兔生长发育快,饮水量相对比成年兔多,而哺乳期母兔饮水量更多;冬季最好饮温水,以免引起胃肠炎。

表 3-1　环境温度对家兔采食量的影响

环境温度 (℃)	空气相对湿度 (%)	采食量 (克/天)	料重比	饮水量 (克/天)
5	80	184	5.02∶1	336
8	70	154	4.41∶1	268
30	60	83	5.22∶1	448

表 3-2　家兔不同生理状态下每天的需水量

类　型	日需要量(升)
妊娠初期母兔	0.25
妊娠后期母兔	0.57
种公兔	0.28
哺乳母兔	0.60
母兔+7 只仔兔(6 周龄)	2.30
母兔+7 只仔兔(7 周龄)	4.50

水的品质不但影响獭兔的饮水量,而且对饲料的消耗、獭兔健康和生产水平等都会造成不同程度的影响。天然水中可能含有的各种细菌或者病毒,以及水的硬度都会对獭兔的健康带来不利影响。因此,在獭兔饮水质量差的情况下,可采用氯化作用清除和消灭致病微生物,采用软化剂改善水的硬度。

3. 供水不足对獭兔的影响　缺水会导致獭兔食欲减退或废

绝,消化作用减弱,抗病力下降,体内蛋白质和脂肪的分解加强,氮、钠、钾排出增加,代谢紊乱,代谢产物排除困难,血液浓度及体温升高,使生产力遭受严重破坏;造成仔兔生长发育迟缓,增重减慢,母兔泌乳量降低;当体内损失20%的水时,即可引起死亡。

家兔具有根据自身需要调节饮水量的能力。因此,应保证家兔自由饮水,且供水时应保证水的卫生,符合饮用水标准和保持适宜的温度。

(三)蛋白质与獭兔需要

蛋白质是生命的物质基础。獭兔在生长发育过程中需要不断从自然界获得蛋白质,生产的产品的本质也是将饲料中含氮化合物转化为其自身机体蛋白质的过程。

1. 蛋白质的组成 构成蛋白质的基本单位是氨基酸,氨基酸的数量、种类和排列顺序的变化,组成了各种各样的蛋白质,不同的蛋白质具有不同的结构和功能。有些氨基酸獭兔机体能够合成,且合成的数量和速度能够满足家兔的营养需要,不需要饲料供给,这些氨基酸被称为非必需氨基酸;有些氨基酸是獭兔体内不能合成,或者合成的量不能满足自身的营养需要,必须由饲料供给,这些氨基酸被称为必需氨基酸。必需氨基酸和非必需氨基酸是相对饲料而言的,对于家兔生理来讲并没有必需和非必需之分。当蛋白质中氨基酸的组成种类、数量以及比例能够满足家兔营养需要时,该蛋白质即是獭兔的理想蛋白质。理想蛋白质模式的本质是氨基酸间的最佳平衡模式,以这种模式组成的饲粮蛋白质最符合动物的需要,因而能够最大限度地被利用。

2. 蛋白质的作用 蛋白质是獭兔生命物质基础,广泛存在于獭兔的肌肉、皮肤、内脏、血液、神经、结缔组织等,参与构成各种细胞组织,维持皮肤和组织器官的形态和结构。

獭兔体内的酶、激素、抗体等的基本成分也是蛋白质,在体内参与多种重要的生理活动,如免疫因子、免疫球蛋白和干扰素对机体有保护作用,胰岛素、生长素和催乳素起着激素调节等作用。

蛋白质是机体组织再生、修复的必要物质,是獭兔的肉、奶、皮、毛的主要成分,如兔肉中粗蛋白质含量为22.3%,兔奶中粗蛋白质含量为13%～14%。

蛋白质能够提供能量,转化为糖和脂肪。

3. 蛋白质在獭兔体内的消化代谢 饲料中的蛋白质在口腔中几乎不发生任何变化,主要是在胃和小肠上部进行消化。进入胃后,在胃蛋白酶的作用下分解为较为简单的胨和肽,蛋白胨和肽以及未被消化的蛋白质进入小肠。在小肠胰蛋白酶、糜蛋白酶、肠肽酶的作用下,最终被分解为氨基酸和小肽,被小肠黏膜吸收进入血液。未被消化的蛋白质进入大肠,由盲肠中的微生物分解为氨基酸和氨,一部分由盲肠微生物合成菌体蛋白质,随软粪排出。软粪被家兔吞食后再经胃和小肠消化,被吞食的软粪中含有丰富的蛋白质和氨基酸,是成年家兔营养的一个重要来源。从胃肠道中吸收进入血液的氨基酸和小肽被转运至机体的各个组织器官,合成体蛋白、乳蛋白,修补体组织或氧化供能。家兔体内不贮存氨基酸,多余氨基酸在肝脏中脱氨,形成尿素经肾脏排出。

家兔对于植物性饲料中的蛋白质能够有效消化和利用,如对苜蓿草粉粗蛋白质的消化率达到75%。但是幼兔对于非蛋白氮几乎不能利用,成年兔的利用率也极低。许多研究表明,当生长兔日粮中缺乏粗蛋白质(12.5%)时,可加入1.5%的尿素,一般认为尿素的安全用量为饲粮的0.75%～1.5%,同时必须加入0.2%的蛋氨酸。当日粮中含有过量的尿素等非蛋白氮,不但会引起獭兔中毒,而且由于机体不得不为了消除更多的尿素而动员能量,会造成生产性能下降。有实验证明,母兔饲粮中的尿素含量如果超过1%,会影响其繁殖效率。

4. 蛋白质不足和过量对家兔的影响 当饲料中蛋白质数量

和质量适当时可改善饲粮的适口性,增加采食量,提高蛋白质的利用率;当饲料中蛋白质不足或质量差时,表现为氮的负平衡,消化道酶减少,影响整个饲粮的消化和利用;机体合成蛋白质不足,体重下降,免疫力降低,生长停滞,严重者会破坏生殖功能,受胎率降低,产生弱胎、死胎。

当蛋白质供应过量和氨基酸不平衡时,蛋白质在体内氧化产热,或转化成脂肪贮存在体内,不仅造成蛋白质浪费,而且使蛋白质在胃肠道内引起细菌的腐败过程,产生大量的胺类,增加肝、肾的代谢负担。因此在养兔的生产实践中,应合理搭配家兔日粮,保障蛋白质合理的质和量的供应。

(四)碳水化合物与獭兔营养

1. 碳水化合物组成及分类 碳水化合物是多羟基的醛、酮或更简单衍生物以及能水解产生上述产物的化合物的总称。按照常规分析法分类,碳水化合物分为无氮浸出物(可溶性碳水化合物)和粗纤维(不可溶性碳水化合物)。前者包括单糖、双糖和多糖类(淀粉)等,后者包括纤维素、半纤维素、木质素和果胶等。现代的分类法将碳水化合物分为单糖、低聚糖(寡糖)、多聚糖及其他化合物。

2. 碳水化合物的营养生理作用 獭兔采食碳水化合物,经过水解生成葡萄糖,供给獭兔代谢活动、快速应变所需能量的最有效的营养素。碳水化合物是獭兔体内能量的主要来源,能够提供家兔所需能量的 $60\% \sim 70\%$。葡萄糖也是肌肉、脂肪组织、胎儿生长发育、乳腺等组织代谢活动的主要能量来源。

獭兔体内能量储备物质,多余的碳水化合物可以转变为糖原和脂肪在体内贮存起来。

碳水化合物普遍存在于獭兔的各个组织中,如核糖和脱氧核糖是细胞核酸的构成物质,黏多糖参与构成结缔组织基质,糖脂是神经细胞的组成成分。碳水化合物也是某些氨基酸的合成物质和合成乳脂与乳糖的原料。

促进消化道发育。对于獭兔,饲粮中添加适宜的纤维性物质有促进胃肠蠕动、刺激消化液分泌的功能。

3. 碳水化合物的消化、吸收和代谢　碳水化合物中的无氮浸出物和粗纤维在化学组成上颇为相似,均以葡萄糖为基本结构单位,但由于结构不同,它们的消化途径和代谢产物完全不同。

(1)无氮浸出物的消化、吸收和代谢　在家兔胃肠道中只有单糖才能被直接吸收。因此,作为家兔饲料重要组成成分的无氮浸出物必须被家兔胃肠道分泌的消化酶(淀粉酶、蔗糖酶、异麦芽糖酶、麦芽糖酶、乳糖酶等)或者微生物来源的酶降解为单糖后才能够被利用。与猪、禽不同,由于家兔唾液缺乏淀粉酶,因而在其口腔中很少发生酶解作用。胃不分泌淀粉酶,因此碳水化合物在胃的消化甚微。碳水化合物消化的主要部位是十二指肠,在十二指肠与胰液、肠液、胆汁混合后,α-淀粉酶将淀粉及相似结构的多糖分解成麦芽糖、异麦芽糖和糊精,然后由肠黏膜产生的二糖酶彻底分解成单糖被吸收。而没被消化的碳水化合物则被盲肠和结肠中的微生物分解,产生挥发性脂肪酸和气体。

被吸收的单糖一部分通过无氧酵解、有氧氧化等分解代谢,释放能量供兔体需要;一部分进入肝脏合成肝糖原暂时贮存起来;还有一部分通过血液被输送到肌肉组织中合成肌糖原,作为肌肉运动的能量。过多的葡萄糖,被运送至脂肪组织及细胞中合成脂肪作为能量的储备。哺乳兔则有一部分葡萄糖进入乳腺合成乳糖。

(2)粗纤维的消化、吸收和代谢　家兔没有消化纤维素、半纤维素和其他纤维性碳水化合物的酶,对这些物质在一定程度上的利用主要是盲肠和结肠中的微生物作用,将其分解为挥发性脂肪酸和气体,其中乙酸 78.2%、丙酸 9.3%及丁酸 12.5%。前者被机体吸收利用,后者被排出体外。獭兔从这些脂肪酸中得到的能量可满足每日能量需要的10%~20%。家兔是草食动物,具有利用低能饲料的生理特点,利用纤维的能力比猪、禽强,但是低于马、牛、羊。据资料报道,家兔对粗饲料消化率为10%~28%,对青绿饲料为30%~90%,精饲料为25%~80%。

4. 碳水化合物不足和过量对家兔的影响 碳水化合物不足实际上是能量不足。当饲料中碳水化合物不足时,獭兔为维持活动就停止生产,并用体内储备的糖原和脂肪用以供能,造成体重减轻、生长停滞和生产力下降。缺乏严重时便分解体蛋白质供给最低能量需要,造成獭兔消瘦,抵抗力下降甚至死亡。

当日粮中粗纤维含量过低时,兔容易发生消化紊乱、腹泻、肠炎、生长迟缓,甚至死亡;如果纤维含量过高时,容易加重消化道负荷,且导致肠管副交感神经兴奋性增高,影响大肠对粗纤维的消化,削弱其他营养物质的消化吸收利用。

(五)脂肪与獭兔营养

1. 脂肪的组成和分类 脂肪是广泛存在于动植物体的一类具有某些相同理化特性的营养物质,是一类不溶于水而溶于有机溶剂,如乙醚、苯、氯仿的物质。根据其结构的不同被分为真脂肪(中性脂肪)和类脂肪两大类。中性脂肪,又称甘油三酯,仅含有碳、氢、氧三种元素,由1分子甘油和3分子脂肪酸构成的有机化合物。类脂是指除了中性脂肪外的所有脂类的总称,分子中除了含碳、氢、氧元素外,还含有其他元素,如磷、氮等。饲料中的脂类绝大多数是中性脂肪,而类脂仅含5%左右。

2. 脂肪的营养生理作用 脂肪是能量含量很高的营养素。生理条件下脂肪能量含量是蛋白质和碳水化合物的2.25倍。正是由于脂肪适口性好、能量含量高的特点,所以它是供给家兔能量的重要来源,也是兔体内贮存能量的最佳形式。

脂肪是构成家兔组织的重要原料。家兔的各种组织器官,如神经、肌肉、皮肤、血液的组成中均含有脂肪,并且主要为类脂肪,如磷脂和糖脂是细胞膜的重要组成成分;固醇是体内合成类固醇、类激素和前列腺的重要物质,它们对调节家兔的生理和代谢活动起着重要作用;甘油三酯是机体的贮备脂肪,主要贮存在肠系膜、皮下组织、肾脏周围以及肌纤维之间。

协助脂溶性物质的吸收。脂肪作为溶剂可协助脂溶性维生素以及其他脂溶性物质的消化吸收。试验证明,饲料中含有一定量的脂肪可促进脂溶性维生素的吸收,日粮中含有 3% 的脂肪时,家兔能吸收胡萝卜素 60%～80%;当脂肪量仅为 0.07% 时,只能吸收 10%～20%。饲料中如果缺乏脂肪,可导致脂溶性维生素的缺乏。

提供必需脂肪酸。在不饱和脂肪酸中,有几种多不饱和脂肪酸在家兔的体内合成,必须由日粮供给,对机体正常功能和健康具有保护作用,这些脂肪酸叫必需脂肪酸。主要包括 α-亚麻酸、亚油酸和花生四烯酸。

维持体温、防护作用及提供代谢水。皮下脂肪可阻止体表的散热和抵抗微生物的侵袭,冬季可起到保温作用,有助于御寒,尤其对于幼龄的仔兔维持体温具有重要的意义。此外,内脏器官周围的脂肪垫有缓冲外力冲击的作用。脂肪还是代谢水的重要来源。每克脂肪氧化可产生 1 克的代谢水,而同量的蛋白质和碳水化合物可分别产生 0.42 克和 0.6 克的代谢水。

3. 脂肪的消化吸收与代谢 家兔的口腔和胃几乎不消化脂肪,饲粮脂肪的彻底消化是在小肠内由胰腺分泌的胰脂肪酶催化完成的。脂肪进入十二指肠后,在肠蠕动的作用下与胰液和胆汁混合,胆汁中的胆汁盐使脂肪乳化并形成水包油的小胶体颗粒,以便于脂肪与胰液在油—水界面处充分接触,脂肪被充分消化。胰脂肪酶能将食糜中的甘油三酯分解为脂肪酸和甘油。磷脂由磷脂酶水解成溶血磷脂和脂肪酸。胆固醇酯由胆固醇酯水解酶水解成脂肪酸和胆固醇。饲料中的脂肪 50%～60% 在小肠中分解为甘油和脂肪酸。日粮中一部分脂类在大肠中微生物的作用下被分解为挥发性脂肪酸。不饱和脂肪酸在微生物的作用下变成饱和脂肪酸,胆固醇变成胆酸。

脂肪消化后的产物主要是在回肠依靠微粒途径吸收。大部分固醇、脂溶性维生素等非极性物质,甚至部分甘油三酯都随脂类—胆盐微粒吸收。脂类水解产物在载体蛋白质的协助下通过易化扩散过程吸收。

4. 脂肪不足和过量对家兔的影响 一般认为,日粮中适宜的脂肪含量为 2%～5%。这有助于提高饲料的适口性,减少粉尘,并在制作颗粒饲料中起润滑作用。仔兔对脂肪的需要特别高,兔乳中含脂肪达 12.2%;生长兔、妊娠兔需要量为 3%,哺乳母兔为 5%。日粮中脂肪含量不足,会导致兔体消瘦和脂溶性维生素缺乏症,公兔副性腺退化,精子发育不良;母兔受胎率下降,产仔数减少。相反,日粮中脂肪含量过高,则会引起饲料适口性降低,甚至出现腹泻、死亡等。

(六)矿物质与獭兔营养

矿物质是一类无机营养物质,是兔体组织成分之一,约占体重的 5%。根据体内含量分为常量元素(钙、磷、钾、钠、氯、镁和硫等)和微量元素(铁、锌、铜、锰、钴、碘、钼和硒等)。

1. 钙和磷 钙和磷是在所有矿物质元素中家兔体内含量最高的两种元素,几乎占矿物质总量的 65%～70%。钙和磷是骨骼和牙齿的主要成分。其中,钙对维持神经和肌肉兴奋性和凝血酶的形成具有重要作用,而且对维持心脏功能、肌肉收缩和电解质平衡也有重要作用。磷以磷酸根的形式参与体内代谢,在高能磷酸键中贮存能与 DNA、RNA 以及许多酶和辅酶的合成,在脂类代谢中起重要作用。

钙、磷的吸收主要受以下因素影响：首先与钙、磷在肠道内浓度成正比；其次维生素 D，肠道酸性环境有利于钙、磷吸收，而过量的草酸、植酸及铝、镁等能够与钙结合成不溶性化合物而不利于吸收。

钙与磷的需要量紧密联系，一般认为钙与磷的比例为 1.5：1～2：1。事实上家兔能忍受高钙，据报道，含钙 4.5％、钙磷比例 12：1 时不会降低幼兔的生长速度和母兔繁殖性能。原因是獭兔血钙主要受钙水平影响较大，不被降血钙素、甲状旁腺素所调节；此外，家兔肾脏对维持体内钙平衡起重要作用。家兔钙的代谢途径主要是尿，当喂给家兔高钙日粮时尿钙水平提高，尿中有沉积物出现。当高钙日粮中钙磷比例为 1：1 或以上时，才能忍受高磷（1.0％～1.5％），过多的磷由粪排出。

日粮中钙、磷含量低于家兔需要量时会导致家兔佝偻病和骨质疏松症。此外，家兔缺钙还会导致痉挛、母兔繁殖力受阻、泌乳期跛行；缺磷主要表现为厌食、生长不良。一般认为日粮中钙水平为 1.0％～1.5％，磷的水平为 0.5％～0.8％，二者比例为 2：1 时可以保证家兔正常需要。

2. 钾、钠、氯　钾、钠和氯这 3 种元素主要分布在家兔体液和软组织中。3 种元素协同作用保持体内的正常渗透压和酸碱平衡。钠是血浆和其他细胞外液的主要阳离子，和其他离子协同参与维持肌肉神经的兴奋性。氯主要存在于动物体细胞外液中，在胃内呈游离状态，和氢离子结合成盐酸，可激活胃蛋白酶，保持胃液呈酸性，具有杀菌作用。氯化钠还具有调味和刺激唾液分泌的作用。

家兔的空肠主要以主动方式吸收钾、钠和氯。钠可随葡萄糖、氨基酸的吸收而吸收，最终从肾脏随尿液排出体外。植物性饲料中含钾多，很少发生缺乏现象。据报道，生长兔日粮中钾的含量至少为 0.6%，如果含量在 0.8%～1.0% 以上，则会引起家兔的肾脏病。而钠和氯在饲料中的含量少且由于钠在家兔体内没有贮存能力，所以必须经常从日粮中供给。据试验，日粮中钠的含量应为 0.2%，氯为 0.3%。当缺乏钠和氯时，幼兔生长受阻，食欲减退，会出现异食癖等。生产中一般以食盐形式添加，水平以日粮的 0.5% 左右为宜。

3. 镁 獭兔体内 60%～70% 的镁以磷酸盐和碳酸盐的形式参与骨骼和牙齿的构成，25%～40% 的镁与蛋白质结合成络合物，存在于软组织中。镁是多种酶的活化剂，在糖和蛋白质代谢中起着重要作用，能维持神经、肌肉的正常功能。

据试验，獭兔日粮中含有 0.25%～0.40% 的镁可满足营养需要。家兔缺镁会导致过度兴奋而痉挛，幼兔生长停滞，成兔耳朵明显苍白，毛皮粗糙。严重缺镁时(日粮中镁的含量低于 57 毫克/千克)，獭兔易发生脱毛现象或"食毛癖"，提高镁的水平后可停止这种现象。此外，还会导致母兔妊娠期延长，配种期严重缺镁会使产仔数减少。

4. 硫 硫是自然界中常见的元素，是软骨、腱、血管壁、骨和毛的重要组成成分，其中毛中含量最多。硫在三大营养物质(蛋白质、脂类和碳水化合物)和能量代谢中分别作为含硫氨基酸、生物素、硫胺素和辅酶 A 的重要组成成分而起着重要作用。

当家兔日粮硫缺乏时，会出现食欲丧失、多泪、流涎、脱毛、体质虚弱等症状。各种蛋白质饲料均是硫的重要来源。当獭兔日粮中含硫氨基酸不足时，添加无机硫酸盐，可提高獭兔的生产性能和蛋白质的沉积。

5. 铁 獭兔体内的铁大部分存在于血红蛋白和肌红蛋白中，参与组成血红蛋白、肌红蛋白及多种氧化酶的组成成分，与血液中氧的运输及细胞内生物氧化过程有着密切的关系。缺铁的典型症状是贫血，表现为体重减轻，倦怠无神，黏膜苍白。由于家兔的肝脏有很大贮铁能力,因此仔兔和其他家畜一样,出生时肝脏中储存有丰富的铁,但不久就会用尽,而且兔乳中含铁量很少,需适量补给。一般家兔日粮铁的适宜含量为 100 毫克/千克左右。

6. 铜　铜作为酶的组成成分在血红素和红细胞的形成过程中起催化作用,同时在代谢过程和毛发形成过程中起着重要作用。家兔对铜的吸收仅为 5%～10%,并且肠道微生物还将其转化成不溶性的硫化铜。仔兔出生时铜在肝脏中的贮存量较高,但在出生 2 周后就会迅速下降,兔乳中铜的含量也很少(0.1 毫克/千克)。通常在家兔日粮中铜的添加量为 5～20 毫克/千克为宜。

铜除了重要的营养作用,还被广泛作为一种生长促进剂。如果喂给含有高水平的铜的饲料,虽然生长速度明显提高,但会减少盲肠壁的厚度,而且会造成环境的污染。此外,有报道称,铜的这种作用对幼兔及卫生状况差的兔舍和存在肠炎、肠毒血症疾病的兔有积极作用,但是欧洲禁用硫酸铜作为生长促进剂,美国也不允许硫酸铜在商品饲料中的高水平利用。

7. 锌　锌不但作为獭兔体内多种酶的成分参与体内营养物质的代谢,而且与核酸的生物合成有关,在细胞分裂中起重要的作用。缺锌时家兔生长受阻,被毛粗乱,脱毛,皮炎和繁殖功能障碍。据报道,母兔日粮中锌的水平为每千克 2～3 毫克时,会出现严重的生殖异常现象;生长兔吃这样的日粮,2 周后生长停滞;每千克日粮含锌 50 毫克时,生长和繁殖恢复正常。

8. 锰　锰是獭兔体内多种酶的激活剂,尤其在作为骨骼有机基质形成过程中所需酶的激活剂具有重要作用。此外,锰在参与碳水化合物及脂肪代谢、核酸和蛋白质的生物合成方面也具有重要作用。缺锰时导致獭兔骨骼发育异常,如弯腿、脆骨症、骨短粗症。锰还与胆固醇的合成有关,而胆固醇是性激素的前体,所以缺锰影响正常的繁殖功能。有试验报道,每天喂给家兔 0.3 毫克的锰,家兔骨骼发育正常,获得最快生长。家兔每天需要 1～4 毫克的锰。如果每天喂给 8 毫克的锰时,家兔生长速度降低,这可能是锰与铁的拮抗作用造成的。

9. 硒　硒在家兔体内的作用主要是作为谷胱甘肽过氧化物酶的成分起到抗氧化作用,对细胞正常功能起保护作用;还能保证睾酮激素的正常分泌,对公兔的繁殖功能具有重要作用。此外,硒对獭兔的免疫功能也有重要的作用。家兔对硒的代谢与其他动物有不同之处,对硒不敏感。表现在:硒不能节约维生素 E,在保护过氧化物损害方面,更多依赖于维生素 E,而硒的作用很小;用缺硒的饲料喂其他动物,会引起肌肉营养不良,而家兔无此症状。一般认为,硒的需要量为 0.1 毫克/千克饲料。

10. 碘　碘是甲状腺激素的重要组成成分,是调节基础代谢和能量代谢、生长、繁殖不可缺少的物质。缺碘具有地方性。缺碘会发生代偿性甲状腺增生和肿大。在哺乳母兔日粮中添加高水平的碘(250～1000 毫克/千克)就会引起仔兔的死亡或成年兔中毒。家兔日粮中适宜的碘含量为 0.2 毫克/千克,西班牙预混料建议添加量在 0.4～2 毫克/千克。

11. 钴　钴在家兔体内的主要生物学功能是参与维生素 B_{12} 的合成,以及通过激活多种酶的活性而参与造血过程。家兔和反刍动物一样,需要钴在盲肠中由微生物合成维生素 B_{12}。家兔对钴的利用率较高,对维生素 B_{12} 的吸收也较好。仔兔每天对钴的需要量低于 0.1 毫克。成年兔、哺乳母兔、育肥兔日粮中经常添加钴(0.1～1.0 毫克/千克),可保证正常的生长和消除维生素 B_{12} 缺乏引起的症状。在生产实践中不易发生缺钴症。当日粮钴的水平低于 0.03 毫克/千克时,会发生缺乏症。

(七)维生素与獭兔营养

维生素是一些结构和功能各不相同的有机化合物,既不是形成家兔机体各种组织器官的原料,也不是能源物质。它们主要以辅酶和催化剂的形式参与体内代谢的多种化学反应,从而保证家兔机体组织器官的细胞结构和功能正常,以维持家兔的健康和各种生产活动,是其他营养物质所不能代替的。家兔对维生素的需要量虽然很少,但若缺乏将导致代谢障碍,出现相应的缺乏症。在家庭饲养条件下,家兔饲喂大量青绿饲料,一般不会发生缺乏。

根据维生素溶解性,可将其分为脂溶性维生素和水溶性维生素两大类。

1. 脂溶性维生素 脂溶性维生素是一类只溶于脂肪的维生素,包括维生素 A、维生素 D、维生素 E 和维生素 K。除维生素 K 可由动物消化道微生物合成所需的量外,其他脂溶性维生素都必须由饲粮提供。

(1) 维生素 A 维生素 A 又称抗干眼病维生素,是含有 β-白芷酮环的不饱和一元醇。维生素 A 只存在于动物体内,植物中不含维生素 A,而含有维生素 A 原(先体)——胡萝卜素,在一定条件下可以在机体内转化为具有活性的维生素 A。维生素 A 的作用非常广泛,能够维持家兔正常视觉、保护上皮组织完整、促进性激素形成、调节三大营养物质代谢、促进家兔生长、维护骨骼正常生长和修补、提高免疫力。

如果长期缺乏维生素 A,会造成幼兔生长缓慢,发育不良;视力减退,夜盲症;上皮细胞过度角化,引起眼干燥症、肺炎、肠炎、流产、胎儿畸形;骨骼发育异常而压迫神经,造成共济失调,家兔出现神经性跛行、痉挛、麻痹和瘫痪等 50 多种缺乏症。据报道,每千克体重每日供给 23 国际单位的维生素 A 可保证幼兔健康和正常生长。

维生素 A 的过剩会造成危害。据报道,生长兔每日每只补给 12 000 国际单位的维生素 A,6 周后的增重降低,母兔每日每只口服 25 000 国际单位的维生素 A,产仔数明显下降,死胎、胎儿脑积水、出生后 1 周死亡率及哺乳阶段的死亡率均较高。

(2)维生素 D 维生素 D 又称抗佝偻病维生素,是家兔经阳光照射合成的,与机体内钙、磷代谢关系密切。维生素 D 的主要生理功能是,1,25-二羟胆钙化醇(具有活性的维生素 D)在家兔肠细胞内促进钙结合蛋白的形成,并激活肠上皮细胞的钙、磷运输体系,增加钙、磷吸收;促使肾小管重吸收钙和磷酸盐。1,25-二羟胆钙化醇还能与甲状旁腺素一起维持血钙和血磷的正常水平。此外,胆钙化醇(1,25-二羟胆钙化醇$_3$)还能促进肠道黏膜和绒毛的发育。

维生素 D 过量也会引起家兔的不良反应。饲料中维生素 D 含量 880 国际单位/千克已足够。据报道,每千克日粮含有维生素 D 2 300 国际单位时,血液中钙、磷水平均提高,且几周内发生软组织有钙的沉积。过量的维生素 D 将导致家兔骨以及动脉、肝、肾等软组织的钙化。

(3)维生素 E 维生素 E 又称生育酚,是维持家兔正常的繁殖所必需的。此外,其还具有抗氧化作用和生物催化作用。在家兔体内,维生素 E 与微量元素硒协同作用,保护细胞膜的完整性,维持肌肉、睾丸及胎儿组织的正常功能,具有对黄曲霉毒素、亚硝基化合物的抗毒作用。

家兔对维生素 E 缺乏的主要症状表现为:肌肉营养性障碍和心肌变性,运动失调,甚至瘫痪;还会造成脂肪肝及肝坏死,繁殖功能受损,母兔不孕、死胎和流产,初生仔兔死亡率增高,公兔精液品质下降。

(4)维生素 K 维生素 K 的生理功能与凝血有关,具有促进和调节肝脏合成凝血酶原的作用,保证血液正常凝固。维生素 K 主要来自植物(叶绿醌)、微生物或动物(甲基萘醌)。

家兔肠道能合成维生素 K,且合成的数量能满足生长兔的需要,种兔在繁殖期需要量增加。饲料中添加抗生素、磺胺类药,可抑制肠道微生物合成维生素 K,需要量大大增加。某些饲料如草木樨及某些杂草含有双香豆素,可阻碍维生素 K 的吸收利用,也需要在兔的日粮中加大添加量。日粮中维生素 K 缺乏时,妊娠母兔的胎盘出血、流产。日粮中 2 毫克/千克的维生素 K 可防止上述缺乏症。

2. 水溶性维生素　水溶性维生素包括 9 种在生理作用和化学组成相似的 B 族维生素,即硫胺素(B_1)、核黄素(B_2)、泛酸(B_3)、胆碱(B_4)、烟酸(烟酰胺、PP、B_5)、维生素 B_6(吡哆醇)、维生素 B_{12}、叶酸(B_{11})、生物素,以及维生素 C(抗坏血酸)。这些维生素常以酶的辅酶或辅基的形式参与体内蛋白质和碳水化合物的代谢,对神经系统、消化系统、心脏血管的正常功能起重要作用。家兔盲肠微生物可合成大多数 B 族维生素,软粪中含有的 B 族维生素比日粮中高很多倍。但是,在兔体合成的 B 族维生素中,维生素 B_1、维生素 B_6、维生素 B_{12} 不能满足家兔的需要。

(1)维生素 C　维生素 C 又名抗坏血酸,在家兔体内主要参与胶原蛋白质合成,而且具有可逆的氧化性和还原性。此外,还可以促进机体对铁离子的吸收和转运,以及刺激吞噬细胞和网状内皮系统的功能。如果家兔体内缺乏维生素 C,不但会引起非特异性的精子凝集,还会因叶酸和维生素 B_{12} 的利用不力而导致贫血,从而出现生长受阻、新陈代谢障碍。一般情况下,獭兔体内能够合成生长需要的维生素 C,但是对幼兔和高温、运输等逆境中的家兔应注意补充。

(2)B 族维生素

①维生素 B_1　又称硫胺素,是碳水化合物代谢过程中重要的辅酶。缺乏时,引起碳水化合物代谢异常,使中间产物丙酮酸积累,直接影响神经系统、心脏、胃肠和肌肉组织的功能,出现神经炎、食欲减退、痉挛、共济失调、消化不良等。研究认为,獭兔日粮中维生素 B_1 的最低需要量为 1 毫克/千克。

②维生素 B_2　维生素 B_2 又名核黄素,在家兔体内大多以

FAD 和 FMN 的形式存在,并以辅基的形式参与合成多种黄素蛋白酶,与三大营养物质的代谢密切相关。日粮中维生素 B_2 对早期胚胎成活率有着重要影响。獭兔对维生素 B_2 的需要量为 5 毫克/千克。

③维生素 B_3　维生素 B_3 又名尼克酸、烟酸,是吡啶的衍生物,主要通过 NAD 和 NADP 参与三大营养物质代谢,尤其在体内功能代谢的反应中起重要作用。家兔体内的尼克酸几乎都由肠道微生物合成。当缺乏时,家兔会出现脱毛、皮炎、食欲减退等症状。獭兔对尼克酸的需要量为 50 毫克/千克。

④维生素 B_4　维生素 B_4 又名胆碱,在家兔机体内不再作为具有催化作用的辅酶或者辅基,而是作为细胞结构的组成成分。其在体内的主要生理功能为,神经传导的递质、促进营养物质代谢以及提高肝脏对脂肪酸的利用能力,防止脂肪肝。家兔缺乏胆碱时会导致生长受阻、脂肪肝、肌肉营养不良等症状。獭兔对胆碱的需要量为 1 200 毫克/千克。

⑤维生素 B_5　维生素 B_5 又称泛酸,是辅酶 A 和酰基载体蛋白(ACP)的组成成分,在组织代谢中起重要作用。缺乏会导致家兔生长受阻、皮肤松弛、神经紊乱、胃肠道疾病、肾上腺功能受损、抵抗力下降等症状。一般常用饲粮不会发生泛酸的缺乏。獭兔对维生素 B_5 的需要量为 20~25 毫克/千克。

⑥维生素 B_6　维生素 B_6 包括吡哆醇、吡哆醛和吡哆胺三种衍生物。在体内以磷酸吡哆醛和磷酸吡哆胺的形式作为许多酶的辅酶,参与蛋白质和氨基酸的代谢。家兔日粮缺乏维生素 B_6 时,会造成生长缓慢、发生皮炎、脱毛,神经受损,主要表现症状是共济失调、甚至痉挛。家兔的盲肠中能合成维生素 B_6,软粪中含量比硬粪中高 3~4 倍,在酵母、糠麸及植物性蛋白质饲料中含量较高,一般不会缺乏。每千克饲料添加 40 毫克维生素 B_6 可预防缺乏症。

⑦维生素 B_{11}　维生素 B_{11} 又称叶酸,是一碳单位转移的辅酶,在二碳单位中起类似于泛酸的作用,在核酸的生物合成及细胞分裂中起着重要作用,同时还具有保护肝脏并解毒的作用。叶酸广泛分布于自然界,一般不会缺乏。叶酸缺乏时,家兔除生长受阻外还易发生贫血症及蛋白质代谢障碍、肝功能受损等。

⑧维生素 B_{12}　维生素 B_{12} 又称钴胺素,是一个结构最复杂、唯一含有金属元素(钴)的维生素。它在体内参与许多物质的代谢,其中最重要的是叶酸协同参与核酸和蛋白质的合成,促进红细胞的发育和成熟,同时还能提高植物性蛋白质的利用率。维生素 B_{12} 在自然界中只能由微生物合成,植物性饲料不含此维生素。家兔肠道微生物合成维生素 B_{12} 的量受饲料中钴含量的影响。维生素 B_{12} 缺乏时,家兔生长缓慢,贫血,被毛粗乱,后肢运动失调,对母兔受胎及产后泌乳有影响。据试验报道,成年兔日粮中如果有充足的钴,不需要维生素 B_{12},但对生长的幼兔需要补充,推荐量为 10 微克/千克饲料。

⑨生物素　生物素又称维生素 H,在家兔体内生物素以辅酶的形式参与碳水化合物、脂肪和蛋白质的代谢,例如丙酮酸的羧化、氨基酸的脱氨基、嘌呤和必需脂肪酸的合成等。生物素是家兔皮肤、被毛、爪、生殖系统和神经系统发育和维持健康必不可少的,生物素缺乏时会产生脱毛症、皮肤起鳞片并渗出褐色液体,舌上起横裂,后肢僵直,爪子溃烂。此外,生物素的不足和缺乏还会造成幼兔生长缓慢、母兔繁殖性能下降、免疫力下降等。

(八)獭兔的饲养标准

獭兔的营养不仅要研究和阐明其所需要的营养素种类、作用和代谢利用率,还要研究和阐明每一种营养素需要的数量。饲养标准指根据大量饲养试验结果和养兔生产实践,科学地对不同种类、品种、性别、生理阶段、生产水平的家兔每天每只所需的能量和各种营养物质的定额做出的规定。

目前尚无獭兔的饲养标准,国内科研工作者在教学、生产基础上,结合自己的科研成果,给出了獭兔全价饲料的营养价值表(表3-3),下面将谷子林教授推荐的獭兔营养需要推荐给大家,供参考使用。

表3-3 中国獭兔全价饲料营养推荐量

项 目	1～3月龄生长獭兔	4月～出栏商品兔	哺乳兔	妊娠兔	维持兔
消化能(兆焦/千克)	10.46	9～10.46	10.46	9～10.46	9.0
粗脂肪(%)	3	3	3	3	3
粗纤维(%)	12～14	13～15	12～14	14～16	15～18
粗蛋白质(%)	16～17	15～16	17～18	15～16	13
赖氨酸(%)	0.80	0.65	0.90	0.60	0.40
含硫氨基酸(%)	0.60	0.60	0.60	0.50	0.40
钙(%)	0.85	0.65	1.10	0.80	0.40
磷(%)	0.40	0.35	0.70	0.45	0.30
食盐(%)	0.3～0.5	0.3～0.5	0.3～0.5	0.3～0.5	0.3～0.5
铁(毫克/千克)	70	50	100	50	50
铜(毫克/千克)	20	10	20	10	5
锌(毫克/千克)	70	70	70	70	25
锰(毫克/千克)	10	4		4	2.5
钴(毫克/千克)	0.15	0.10	0.15	0.10	0.10
碘(毫克/千克)	0.20	0.20	0.20	0.20	0.10
硒(毫克/千克)	0.25	0.20	0.20	0.20	0.10

续表 3-3

项　目	1～3月龄 生长獭兔	4月～出栏 商品兔	哺乳兔	妊娠兔	维持兔
维生素 A(国际单位)	10000	8000	12000	12000	5000
维生素 D(国际单位)	900	900	900	900	900
维生素 E(毫克/千克)	50	50	50	50	25
维生素 K(毫克/千克)	2	2	2	2	0
硫胺素(毫克/千克)	2	2	2	0	0
核黄素(毫克/千克)	6	0	6	0	0
泛酸(毫克/千克)	50	20	50	20	0
吡哆醇(毫克/千克)	2	2	2	0	0
维生素 B_{12}(毫克/千克)	0.02	0.01	0.02	0.01	0
烟酸(毫克/千克)	50	50	50	50	0
胆碱(毫克/千克)	1000	1000	1000	1000	0
生物素(毫克/千克)	0.2	0.2	0.2	0.2	0

饲养标准具有一定的科学性,是家兔生产中配合饲料组织生产的科学依据。但是,家兔的饲养标准中所规定的需要量是许多试验的平均结果,不完全符合每一个个体的需要。所以,饲养者应注意总结生产效果,根据兔群的具体生产水平以及特定的饲养条件,及时调整营养供应量。

四、饲料配合技术

獭兔在进行生命活动中所需要的营养元素是多方面的,任何单一饲料原料内所含养分种类及其比例均不能满足其需要。只有将多种饲料配合在一起，使之取长补短，才能配制出符合獭兔营养需要的全价饲料。

（一）饲料配合原则

饲料配合要有科学性，要以獭兔的饲养标准和各种饲料营养含量为依据，按照獭兔消化生理特点、饲料特性及功能，将多种饲料原料适当搭配，组成一种既能满足獭兔的营养需要，成本又最经济合理的全价饲料。

1. 满足家兔的营养需要　配合饲料时首先应根据獭兔品种、年龄、生理阶段，选择适当的饲养标准。这是提高配合饲料饲用价值的前提，是配合饲料满足营养需要、促进生长发育、提高生产性能的基础。所用饲料的营养成分及价值要与所选用的饲料相符。因为地理环境和气候条件不同，产地不同的饲料营养成分含量是有差异的，所以在饲料配合时，应尽量参考与原料产地相符的饲料营养成分价值表或实际测定。

2. 经济性和市场性原则　因地制宜，充分利用当地资源，以提高经济效益。要选用本地产、数量大、来源广、营养丰富、质优价廉的饲料进行配合，以减少运输费用，降低饲料成本。

3. 饲料原料品种要多样化　不同饲料种类的营养成分差异很大，单一饲料很难保证日粮平衡。饲料的多样化可以起到营养互补作用，有利于提高配合饲料的营养价值。一般配合饲料所用原料的总量不应少于3～5种。

4. 选用适口性好、消化率高的饲料　兔比较喜欢带甜味的饲料，喜食的次序是青绿饲料、根茎类饲料、潮湿的碎屑状软饲料、颗粒料、粗料、粉末状混合料。在谷物类中，喜食的次序是燕麦、大麦、小麦、玉米。

5. 要符合獭兔的消化生理特点　獭兔是草食动物，饲料中应有适当比例的粗饲料。精粗饲料比例要适当，粗纤维含量12％～

15％。应注意青饲料的搭配,一般为体重的 10％～30％。同时,饲料的体积应与獭兔消化道容积相适应。獭兔采食量是有限的,大容积的配合饲料不利于獭兔的采食和消化吸收。例如,一只哺乳母兔,每天需要采食 3 千克鲜草和 800 克干草才能产 200 克兔奶出来;1 只体重 1 千克的幼兔进行育肥,每天增重 35 克所需要的养分,要采食 700～800 克青草。无论成年母兔或幼兔,它们的消化器官都是容不下这样多的饲料的。

6. 考虑饲料的品质和特性 选择饲料原料时除了考虑营养作用外,还应考虑其他一些特性,如有毒有害物质含量、适口性和加工特点,以避免对獭兔的采食及消化代谢产生影响。

(二)饲料配方的计算方法

饲料配方的设计方法很多,目前常用的有手算法和计算机法两种。

1. 手算法 手算法设计过程为:首先依据饲养对象,选择适宜的饲养标准;然后依据饲料原料价格、质量、来源选用各种饲料原料;再根据经验,先拟定出一个大概比例,然后计算营养含量;再与标准对照调整饲料比例,经过反复调整、多次计算,直到所有营养指标都能满足需要为止。在调配中,营养指标的调平顺序是能量、粗蛋白质、钙、磷、食盐、氨基酸和微量元素。现根据兰州畜牧研究所 1989 年制定的獭兔饲养标准和獭兔饲料营养价值表为标准,为生长獭兔配制全价饲料。

第一步:依据饲养对象选择饲养标准,确定营养需要量。生长獭兔每千克饲料中应含有消化能 10.45 兆焦,粗蛋白质 16％,粗纤维 14％,钙 0.5％,磷 0.3％,赖氨酸 0.6％,蛋氨酸＋胱氨酸 0.5％。

第二步:选择饲料原料并依据营养价值表或实测获得饲料养分含量。选择的原料有苜蓿草粉、玉米、大麦、豆饼、鱼粉、食盐、蛋氨酸、赖氨酸(表 3-4)。

表 3-4　饲料营养成分

饲料	粗蛋白质 (%)	消化能 (兆焦/千克)	粗纤维 (%)	钙 (%)	磷 (%)	赖氨酸 (%)	胱氨酸+蛋氨酸 (%)
苜蓿草粉	11.49	5.81	30.49	1.65	0.17	0.06	6.41
麸 皮	15.62	12.15	9.24	0.14	0.96	0.56	0.28
玉 米	8.95	16.05	3.21	0.03	0.39	0.22	0.20
大 麦	10.19	14.05	4.31	0.46	0.46	0.33	0.25
豆 饼	42.30	13.52	3.64	0.28	0.57	2.07	1.09
鱼 粉	58.54	15.75	0.00	3.19	2.90	4.01	1.66
磷酸氢钙	—	—	—	23.30	18.00	—	—
石 粉	—	—	—	36.00		—	—

　　第三步：日粮初配。根据经验或现成配方，初步确定各种原料的大致比例，并计算能量和粗蛋白质水平，与饲养标准进行比较。初配时，配方总量应小于100%，以便留出最后添加食盐和其他添加剂的空间，一般比例为98%～99%。初配日粮营养水平见表 3-5。

表 3-5　初配日粮的营养水平与营养标准比较

饲料	配比 (%)	消化能 (兆焦/千克)	粗蛋白质 (%)
苜蓿草粉	40	2.32	4.60
麸 皮	11	1.37	1.72
玉 米	24	3.85	2.15
苜蓿草粉	40	2.32	4.60

续表 3-5

饲 料	配 比 （%）	消化能 （兆焦/千克）	粗蛋白质 （%）
麸 皮	11	1.37	1.72
玉 米	24	3.85	2.15
大 麦	13.5	1.91	1.39
豆 饼	8	1.08	3.38
鱼 粉	1.5	0.24	0.88
合 计	98	10.77	14.12
与标准比较	—	+0.32	−1.88

第四步：配方调整。调整消化能和粗蛋白质，与饲养标准比较，能量稍高于标准，而粗蛋白质含量低于标准 1.75 个百分点，可用能量含量稍低而粗蛋白质较高的豆饼替代部分玉米（豆饼粗蛋白质含量为 42.30%，玉米粗蛋白质含量为 8.95%），每代替 1%，粗蛋白质净增 0.33%，因此，减少 5% 的玉米，增加 5% 的豆饼即可。调整后的配方营养成分含量见表 3-6。

表 3-6 调整后的配方营养成分含量

饲 料	配比 （%）	消化能 （兆焦/千克）	粗蛋白质 （%）	粗纤维 （%）	钙 （%）	磷 （%）	赖氨酸 （%）	胱氨酸＋ 蛋氨酸 （%）
苜蓿草粉	40	2.32	4.6	12.20	0.66	0.07	0.024	0.164
麸 皮	—	1.37	1.72	0.10	0.015	0.010	0.061	0.038
玉 米	11	2.88	1.61	0.58	0.005	0.070	0.039	0.04
大 麦	13.5	1.91	1.38	0.56	0.014	0.060	0.045	0.034
豆 饼	14	1.89	5.92	0.50	0.040	0.078	0.289	0.153

续表 3-6

饲 料	配比 (%)	消化能 (兆焦/千克)	粗蛋白质 (%)	粗纤维 (%)	钙 (%)	磷 (%)	赖氨酸 (%)	胱氨酸+ 蛋氨酸 (%)
鱼 粉	1.5	0.24	0.88	0	0.06	0.04	0.06	0.025
合 计	98	10.61	16.11	13.94	0.789	0.33	0.52	0.045
与标准比较	-2	+0.16	+0.11	-0.06	-0.21	-0.17	-0.08	-0.02

从结果看,消化能和粗蛋白质含量与标准比较,分别相差 0.16 和 0.11,基本符合要求。粗纤维含量与标准相差 0.80,也在差异允许范围之内。

第五步:调整钙、磷、食盐、氨基酸含量,添加微量元素、维生素。如果钙、磷不足,可用常量矿物质添加,如石粉、骨粉、磷酸氢钙等。补充食盐。经过调整,赖氨酸、蛋氨酸不足,可用人工合成的 L-赖氨酸和 DL-蛋氨酸进行补充。微量元素和维生素添加可用獭兔专用的饲料添加剂"兔乐",或市售微量元素和多维添加剂。

根据上述配方计算,钙较标准低 0.21%,磷低 0.17%。用磷酸氢钙来补充钙、磷。其磷含量为 18%,磷酸氢钙含量为 $0.17 \div 18.0\% = 0.94\%$,而 0.94% 磷酸氢钙补充钙:$0.94 \times 23.3\% = 0.21\%$,钙还差 $0.21\% - 0.21\% = 0$,所以不用再补充石粉。必需氨基酸低于饲养标准,可用添加剂进行补充。赖氨酸低 0.08%,蛋氨酸+胱氨酸低 0.02%,可用 L-赖氨酸和 DL-蛋氨酸添加剂补充。L-赖氨酸添加剂用量为 $0.08\% \div 78.0\% - 0.10\%$,蛋氨酸添加剂的用量为 0.02%。微量元素和维生素可用兔专用饲料添加剂。调整后的日粮配方见表 3-7。

表3-7 调整后的日粮配方

饲 料	配比(%)	项 目	营养水平
苜蓿草粉	40	消化能(兆焦/千克)	10.61
麸 皮	11	粗蛋白质(%)	16.11
玉 米	18	粗纤维(%)	13.94
大 麦	13.5	钙(%)	1.0
豆 饼	14	磷(%)	0.502
鱼 粉	1.5	赖氨酸(%)	0.612
磷酸氢钙	0.94	蛋氨酸+胱氨酸(%)	0.502
食 盐	0.3		
DL-蛋氨酸	0.02		
L-赖氨酸	0.10		
合 计	99.36		

第六步：列出配方及主要营养指标。配方最后合计不是100%，还差0.64%，一般总配比差值在1%以内，可直接调整玉米能量饲料的比例，配方营养水平基本不会发生改变。最后生成配方见表3-8。

表3-8 饲粮配方

饲 料	配比(%)	项 目	营养水平
苜蓿草粉	40	消化能(兆焦/千克)	10.61
麸 皮	11	粗蛋白质(%)	16.11
玉 米	18.64	粗纤维(%)	13.94
大 麦	13.5	钙(%)	1.0
豆 饼	14	磷(%)	0.502

续表 3-8

饲　料	配比(%)	项　目	营养水平
鱼　粉	1.5	赖氨酸(%)	0.612
磷酸氢钙	0.94	蛋氨酸＋胱氨酸(%)	0.502
食　盐	0.3		
DL-蛋氨酸	0.02		
L-赖氨酸	0.10		
合　计	100.00		

2. 计算机法　随着电脑的普及、配方软件的开发,借助电脑设计饲料配方配合日益在饲料加工行业发展起来。相比传统的手算法,电脑计算具有很大的优势:它能全面考虑饲料的营养、成本和经济效益,实现了饲料配合的均衡性;电脑计算效率高、准确性高,有效减少了饲料配方师的工作强度。

目前,常用的计算机法包括使用 Excel 配制和使用专用饲料配方软件配制两种途径,而专用的配方软件又包括 REFSI.0 配方与管理软件、三新智能配方系统、CMIX 配方系统 CFNet 网络、F123 等许多软件。在国内资源配方师 Refs 系列软件以其独创性、灵活性、功能强大性受到饲料厂、大型畜牧养殖场的欢迎。

(1)Excel 配方设计法　利用 Microsoft Excel 设计饲料配方,主要包括 5 个步骤:前期准备、输入函数、输入约束条件、规划求解和调整与优化。前期准备是整个计算过程的关键,只有数据准确、可靠,才能通过规划求解计算出科学合理、经济价值高的饲料配方。

前期准备

a. 准确的饲养标准:应当尽量符合当地情况,并设定一定的浮动范围(上限和下限)。

b. 确定饲料成分及营养价值表。

c. 确定饲料原料及价格表。

例：某兔场使用玉米、麸皮、豆饼、花生饼、进口鱼粉、棉仁粕、甘薯秧、青干草、骨粉、石粉、食盐、1%预混料，配制4月龄至出栏商品獭兔饲料。

设计表格及输入数据如图：

原料	消化能(KJ/kg)	粗纤维(%)	粗蛋白(%)	钙(%)	磷(%)	赖氨酸(%)	蛋+胱氨酸(%)	钠(%)	价格(元/kg)	配比(%)	最小用量	最大用量
玉米	14.48	2.00	8.90	0.04	0.21	0.27	0.31	0.02	2.20		0.00	35.00
麸皮	10.59	9.20	13.50	0.22	1.09	0.47	0.33	0.07	2.00		0.00	15.00
豆饼	13.56	5.70	41.60	0.32	0.50	2.45	1.08	0.07	3.60		0.00	18.00
花生饼	14.06	5.30	43.80	0.33	0.58	1.35	0.94	0.04	3.15		0.00	8.00
进口鱼粉	15.52	0.00	60.50	3.91	2.90	4.35	2.21	2.21	12.50		1.00	1.00
棉仁粕	10.13	13.60	32.60	0.23	0.90	1.11	1.30	0.04	2.45		0.00	5.00
甘薯秧	5.23	28.50	8.10	1.55	0.11	0.26	0.16	0.12	0.65		0.00	35.00
青干草	2.47	33.40	3.30	0.67	0.23	0.25	0.77	0.17	0.85		0.00	30.00
骨粉	0.00	0.00	0.00	30.12	13.46	0.00	0.00	0.00	0.65		0.00	3.00
石粉	0.00	0.00	0.00	35.00	0.00	0.00	0.00	0.00	0.45		0.00	3.00
食盐	0.00	0.00	0.00	0.00	0.00	0.00	0.00	39.00	0.40		0.00	0.50
1%预混料	0.00	0.00	0.00	0.00	0.00	0.00	8.00	0.00	15.80		1.00	1.00
合计	#REF!											
饲养标准	10.46	13.00	15.00	0.65	0.35	0.65	0.60	0.12				
标准上限	10.46	15.00	15.00	0.65	0.45	0.80	0.70	0.20				
标准下限	9.00	13.00	16.00	0.80	0.35	0.65	0.60	0.12				

输入函数

在单元格 B14～J14 输入函数，其中

B14＝SUMPRODUCT(B2：B13,K2：K13)/100

C14＝SUMPRODUCT(C2：C13,K2：K13)/100

D14＝SUMPRODUCT(D2：D13,K2：K13)/100

E14＝SUMPRODUCT(E2：E13,K2：K13)/100

F14＝SUMPRODUCT(F2：F13,K2：K13)/100

G14＝SUMPRODUCT(G2：G13,K2：K13)/100

H14＝SUMPRODUCT(H2：H13,K2：K13)/100

I14＝SUMPRODUCT(I2：I13,K2：K13)/100

J14＝SUMPRODUCT(J2：J13,K2：K13)/100

K14＝＝SUM(K2：K13)

输入约束条件

a. 设置目标单元格为"J14"，鼠标左键点击即可。

b. 设置"等于"项为"最小值"，表示目标单元格求最小值，即最低饲料成本。

c. 设置"可变单元格"为原料配比。

d. 在"约束"项点"添加"按钮，分别输入三个约束条件。

本例具体设置如图：

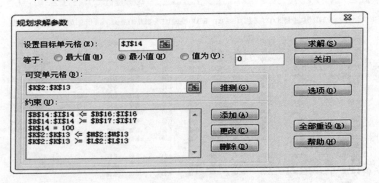

规划求解

a. 单击"选项"按钮，从"规划求解选项"面板中选中"采用线型模型"和"假定非负"，其他选项默认，然后点击确定。

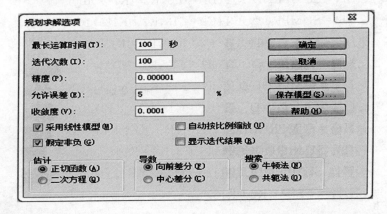

b. 单击"求解"。如果无解可根据动物营养和饲料方面知识，适当降低营养指标或放宽原料使用的上下限。

	A	B	C	D	E	F	G	H	I	J	K	L	M
1	原料	消化能（MJ/kg)	粗纤维（%)	粗蛋白（%)	钙（%)	磷（%)	赖氨酸（%)	蛋+胱氨酸（%)	钠（%)	价格（元/kg)	配比(%)	最小用量	最大用量
2	玉米	14.48	2.00	8.90	0.04	0.21	0.27	0.31	0.02	2.20	29.33	20.00	40.00
3	麸皮	10.59	9.20	13.50	0.22	1.09	0.47	0.33	0.07	2.00	8.00	8.00	15.00
4	豆饼	13.56	5.70	41.60	0.32	0.50	2.45	1.08	0.07	3.60	10.78	10.00	15.00
5	花生饼	14.06	5.30	43.80	0.33	0.58	1.35	0.94	0.04	3.15	8.00	5.00	8.00
6	进口鱼粉	15.52	0.00	60.50	3.91	2.90	4.35	2.21	2.21	12.50	1.00	1.00	1.00
7	棉仁粕	10.13	13.60	32.60	0.23	0.90	1.11	1.30	0.04	2.45	3.00	1.00	5.00
8	甘薯块	5.23	28.50	8.10	1.55	0.11	0.26	0.16	0.12	0.65	10.00	10.00	10.00
9	青干草	2.47	33.40	3.30	0.67	0.23	0.25	0.77	0.17	0.85	28.09	10.00	40.00
10	骨粉	0.00	0.00	0.00	30.12	13.46	0.00	0.00	0.00	0.65	0.51		3.00
11	石粉	0.00	0.00	0.00	35.00	0.00	0.00	0.00	0.00	0.45	0.04	0.04	
12	食盐	0.00	0.00	0.00	0.00	0.00	0.00	0.00	39.00	0.40	0.24		0.50
13	1%预混料	0.00	0.00	0.00	0.00	0.00	0.00	8.00	0.00	15.80	1.00	1.00	1.00
14	合计	9.36	15.00	15.00	0.65	0.45	0.66	0.68	0.20	2.11	100.00		
15	饲养标准	10.46	13.00	15.00	0.65	0.35	0.65	0.60	0.12				
16	标准上限	10.46	15.00	15.00	0.65	0.45	0.80	0.70	0.20				
17	标准下限	9.00	13.00	16.00	0.80	0.35	0.65	0.60	0.12				

调整与优化

此时根据养殖经验判断该组方配比能量水平较低，而粗纤维水平偏高。可进一步根据营养学知识进行手动调整。

原料	配比（%)
玉米	37.00
麸皮	7.00
豆饼	10.00
花生饼	8.41
进口鱼粉	1.00
棉仁粕	3.00
甘薯块	10.00
青干草	21.79
骨粉	0.51
石粉	0.04
食盐	0.24
1%预混料	1.00
合计	100.00

原料	消化能（MJ	粗纤维（%)	粗蛋白（%	钙（%)	磷（%)	赖氨酸（%	蛋+胱氨酸（%)	钠（%)	价格（元/kg)
含量	10.16	12.94	15.19	0.66	0.44	0.65	0.65	0.19	2.19

（2）饲料配方软件法 饲料配方软件能够通过视窗的形式实现人机对话，相比于 Excel 法更为直观、方便，并且由于其内置了饲料营养成分价值表及计算公式，因此使用起来更为简单、方便。

使用方法一般分为以下几步。

第一步：选择配方动物及动物类型。

第二步：选择营养指标，獭兔主要有粗纤维、消化能、粗蛋白质、钙、磷、赖氨酸、含硫氨基酸等。

第三步：选择饲料原料。可以根据当地情况，选择产量大、来源稳定、价格低廉、符合獭兔适口性的原料。常见原料包括玉米、麸皮、豆饼、食盐、磷酸氢钙、骨粉、预混料等。

第四步：进行参数设置。结合养殖经验，大致确定每种饲料原料在配方中的使用上限和下限。

第五步：查看优化计算配方报告。

第六步：调整配方。可以通过重新设置参数或使用手动调整。

第七步：确定配方。根据手调后的营养平衡状况，主要营养指标与饲养标准相同或相近。可以确定饲料配方的最终组成。

五、獭兔的饲料加工技术

对饲料进行加工调制的结果是可以改变饲料的体积、性质和化学组成，这样不但会消除饲料原料中有毒有害因素，明显改善适口性，易于采食和咀嚼，提高消化吸收率，而且便于储存、运输。此外，还可以使许多原来不能利用的农副产品和野生植物成为新的饲料原料，为大力发展獭兔养殖提供物质基础。

（一）能量饲料加工调制

能量饲料的营养价值及消化率一般都很高，但是常常因为籽实类饲料的种皮、硬壳、内部淀粉颗粒的结构及某些饲料中含有不良物质而影响营养成分的消化吸收和利用。所以，为提高动物对能量饲料的消化利用率，这类饲料饲喂前也应经过一定的加工处理，以便充分发挥其营养物质的作用。

1. 粉碎　是最简单、最常用的一种加工方法。经粉碎后的籽实而获得适宜大小的颗粒，不但使原料更易混匀，而且更便于家兔咀嚼，增加饲料与消化液的接触面积，使消化作用进行得比较完全,从而提高饲料的消化率和利用率。

2. 浸泡　将饲料置于池中或缸中,按 1∶1～1∶1.5 的比例加水。饲料经过浸泡,吸收水分,膨化柔软,容易咀嚼,便于消化,而且浸泡后的某些饲料的毒性和异味减轻,从而提高适口性。但是应掌握适宜的浸泡时间。时间过长,营养成分被水溶解造成损失,适口性也降低甚至变质。

3. 蒸煮　加水加热使谷物膨胀、增大、软化,成为适口性很好的产品。马铃薯、豆类等饲料因含有不良物质不能生喂,必须蒸煮。这样既能解除毒性,又可增强适口性、提高消化率。但禾本科籽实蒸煮后反而会降低其消化率。蒸煮时间不宜过长,一般不超过 20 分钟,否则会引起蛋白质变性和某些维生素被破坏。

4. 发芽　谷类子实发芽后,可使一部分粗蛋白质分解成氨基酸,同时糖分、胡萝卜素、维生素 E、维生素 C 及 B 族维生素的含量也大大增加。这种方法主要是用在冬季缺乏青饲料时使用。

（二）蛋白质饲料加工调制

配制獭兔饲料以植物性蛋白质饲料为主。但是,植物性蛋白饲料一般含有较多的抗营养因子,如果直接饲喂会造成獭兔下痢和生长抑制,饲喂价值较低。因此,生产中需对这些植物性蛋白质饲料进行加工调制。

目前,评定大豆饼粕质量的指标主要有抗胰蛋白酶活性、脲酶活性、水溶性氮指数等,通过焙炒和挤压可以使生大豆中不耐热的抗营养因子(如蛋白酶抑制因子、血细胞凝集素等)变性失活,从而提高蛋白质的利用率,提高大豆的饲喂价值。

棉籽饼(粕)中含有的主要抗营养因子有棉酚、环丙烯脂肪酸、单宁和植酸。棉酚对獭兔有害,食用后胃黏膜组织易受到破坏而引起消化功能紊乱,血液运氧能力下降,呼吸急促,肺部浮肿及引起不孕症等,使得棉籽粕的利用受到极大限制。国内外棉籽去毒的方法主要有高碱湿热处理法、旋液分离法、化学添加剂法（如添加亚铁盐）、溶剂提取法和生物发酵法。

菜籽饼（粕）含有硫葡萄糖苷、芥子碱、植酸、单宁等多种抗营养因子，且易引起甲状腺肿大。菜籽饼粕的脱毒方法基本和棉籽饼（粕）类似，可通过加热、水浸泡、醇浸提、氨碱处理、硫酸亚铁、生物发酵等工艺进行脱毒处理。

（三）粗饲料的加工调制

粗饲料质地坚硬，含粗纤维多，其中木质素比例大，适口性差，利用率低，但通过加工调制可使其消化吸收率得到改善。

1. 物理方法　利用机械、水、热力等物理作用，改变粗饲料的物理性状，提高饲料利用率。常用的加工方法有：

（1）切短　"细草三分料"，切短是调制粗饲料最简单而又最重要的方法。切短后既可节省獭兔肌肉咀嚼的能量消耗，又可减少饲料的浪费，而且有利于与其他饲料配合使用，增加采食量。一般獭兔饲料应切到 1～2 厘米长。

（2）浸泡　先将切短的饲料分批放在盛有 5% 食盐的温水中浸泡 24 小时，软化，以提高秸秆的适口性，便于采食。

（3）热喷　将秸秆、秕壳等粗饲料置于饲料热喷机中，用高温、高压蒸汽处理 1～5 分钟后，立刻放出，使其在常压下膨化。热喷处理后的粗饲料结构疏松，适口性好，獭兔的采食量和消化率均能明显提高。

（4）秸秆碾青　将青饲料铺在已经切短的秸秆等粗饲料上，然后用石磙碾压。青草流出的汁液被粗饲料吸收，不但能加速青草干燥，而且干燥速度均匀，叶片脱落损失少，也提高了秸秆的适口性和营养价值。

2. 化学方法　用碱性化合物，如氢氧化钠、石灰、氨及尿素处理秸秆，可以打开纤维素和半纤维素与木质素结构之间的化学键,溶解半纤维素和一部分木质素,便于与消化酶接触。所以,化学处理不仅可以改善适口性、增加采食量,而且能够提高营养价值。

(1)氢氧化钠处理　将 2％的氢氧化钠溶液均匀地喷洒在秸秆上,经 24 小时处理即可完成。这种方法可使秸秆结构疏松,并可分解部分难消化的物质,从而提高秸秆中有机物质的利用率。

(2)氢氧化钙处理　氢氧化钙具有和氢氧化钠类似的作用,而且可以补充钙质,并且方法简单,容易成功。可 200～250 千克水中加入 1 千克氢氧化钙、1～1.5 千克食盐,然后加入 100 千克粉碎的秸秆,浸泡 5～10 分钟,捞出,熟化 24～36 小时即可饲喂。

(3)酸碱处理　将切碎的秸秆放在盛有 3％氢氧化钠溶液的水泥池中浸透,然后转入水泥窖内压实,12～24 小时后取出,再将其放入盛有 3％盐酸的水泥池中浸泡,随后堆放在滤架上,去掉水分即可饲喂。用这种方法处理简单,可使有机物质消化率提高 20％～30％,利用率提高 60％以上。

(4)氨化处理　用氨或氨化物处理秸秆等粗饲料,可软化植物纤维,提高粗纤维的消化率,增加粗饲料中的含氮量,改善粗饲料的营养价值。

(5)微生物处理　利用微生物产生的纤维素酶分解纤维素,以提高粗饲料的消化率,是一种很有发展前途的方法,又被称为 EM技术。

（四）青绿饲料加工调制

青绿饲料的含水量很高,一般现采现用,不易储存运输,必须制成青干草和干草粉或制成青贮饲料,才能长期保存。

1. 干燥处理　干草的营养价值取决于鲜草的种类、生长阶段和调制技术。一般豆科饲料粗蛋白质含量高,而禾本科饲料能量含量高,二者在有效能上无明显差别。在调制过程中,时间越长养分损失越大。例如,在晴朗干燥条件下晒制的干草养分损失通常不超过 10%，而阴雨季节调制的干草，养分损失可达 15% 以上，其中可溶性养分和维生素损失更大。调制干草的方法一般有地面晒干和人工干燥两种。人工干燥法又分高温和低温两种方法。低温法是在 45℃～50℃ 温度下室内放置数小时，使青草干燥；高温法是在 50℃～100℃ 的热空气中脱水干燥 6～10 秒。一般植株温度不超过 100℃，几乎能保存青草的全部营养价值。

2. 青贮处理　青贮饲料是指将青草刈割下来以后，切短，迅速放入青贮窖，压实，使青草在厌氧环境中乳酸菌大量繁殖，从而将饲料中的淀粉和可溶性糖变成乳酸。当乳酸积累到一定浓度后，便抑制了各种腐败菌的生长，这样就可以把青草的养分长时间保存下来。品质良好的青贮饲料呈绿色或黄绿色，酸中略带酒香，质地柔软，易于消化，是獭兔冬季的良好饲料。

（五）配合饲料的加工调制

配合饲料是将各种谷物、饼粕、矿物质和维生素等，按照饲料配方，加工成营养全面、畜禽喜食、食后容易消化吸收，并具有增重快、产蛋多、生产成本低、饲料转化率高的饲料。

1. 制　粒　将配合饲料经过一定的压力和温度，在制粒机内制成颗粒饲料。兔具有啃食坚硬饲料的特性，这种特性可刺激消化液分泌，增强消化道蠕动，从而提高对食物的消化吸收能力。将配合饲料制成颗粒饲料后，可使淀粉熟化，大豆及豆饼中抗营养因子发生改变，并起到杀菌消毒作用，保持饲料的营养均匀，从而显著地提高配合饲料的适口性和消化率，提高生产性能，减少浪费，便于储存运输，同时还有助于减少疾病的传播。兔用颗粒饲料原料粉碎大小应当适宜，过大会影响消化吸收，过小易引起肠炎，一般制成的颗粒直径应为 4～5 毫米，长度为 8～10 毫米。颗粒饲料的水分应控制在 14% 以下，以便于储存。颗粒饲料所含粗纤维 12%～14% 为宜。

2. 膨　化　膨化就是将配合饲料在一定的压力和温度下处理后,在短时间内将其释放出来,从而使饲料内部结构疏松,大分子有机物结构断裂,从而大大提高饲料的适口性和消化率。配合饲料通过制粒和膨化处理,均可在一定程度上提高饲料的营养价值,但对维生素、抗生素、合成氨基酸等不耐热的养分均有不利影响。因此,在饲料配方中,应适当增加那些不耐高温的养分含量,以便弥补损失的部分。

第四章

獭兔繁育技术

一、獭兔的繁殖特点

（一）性成熟早

在正常饲养条件下，獭兔在 3～4 月龄时即可达到性成熟，相比其他家畜，要早得多。此时，公兔睾丸里可产生具有受精能力的精子，而母兔卵巢里可产生具有受精能力的卵子，表现出某些性行为。但要注意，此时獭兔仍处于正常发育期，过早配种无论对其自身还是胎儿均不利。性成熟时间因品种、性别、环境条件、气候等因素而有所差异，一般情况下，中小型品种比大型品种要早；母兔较早，公兔较晚；环境条件良好，则性成熟早，反之则晚。

（二）双子宫

獭兔和其他家兔品种一样，具有双子宫生理结构。所谓双子宫，即子宫的子宫体和子宫角之间无明显界限，有两个子宫颈共同开口于阴道，故不会发生如其他家畜在受精后结合子由一侧子宫向另一侧子宫移行的情况。知道这一特点，在进行人工授精时，输精管不能插得太深，否则只会造成一侧子宫受孕，无法有效利用其繁殖力。

（三）公兔睾丸位置的变化

公兔有 2 个睾丸，是生精和分泌雄性激素的器官。睾丸形成于胚胎时期，初生仔兔，睾丸在腹腔，附着于腹壁；4～5 周龄时，睾丸慢慢会从腹腔移动到腹股沟管内；3～4 月龄时，即快要性成熟时，睾丸进入阴囊。腹股沟管宽而短，终生不闭合，成年公兔的睾丸可以自由地缩回腹腔或降入阴囊，适应了睾丸对温度敏感的特性。

（四）刺激性排卵

在排卵方式上，与其他家畜不同，獭兔属于刺激性排卵。所谓刺激性排卵，是指母兔只有经过公兔的交配刺激或其他刺激（注射促卵泡激素或药物）后，成熟的卵子方可排出。若母兔发情后，未经配种或其他刺激，成熟的卵泡会逐渐萎缩退化，被卵巢组织吸收。因此，在生产实践中，准确掌握好母兔配种时机至关重要，一般可根据母兔黏膜的颜色确定配种时间，即"粉红早，黑紫迟，大红正当时"。

（五）发情规律

母兔发情周期具有不固定性，一年四季均可发情配种。外界因素对母兔的发情影响较大，尤其是光照、温度、营养、按摩以及公兔效应（如公兔的气味、行为和爬跨）等。

母兔产后即可发情，产后 12～24 小时配种，受胎率较高；母兔在泌乳期间发情不明显，尤其在泌乳高峰期，会出现不完全发情，但是在哺乳的 12～14 天会出现一次发情，此时配种受胎率较高，此后急剧下降；另外，在仔兔断奶后 3 天左右，母兔普遍发情。

（六）多胎高产

多胎高产不仅体现在性成熟早、妊娠期短（一般为 31 天），还体现在产卵数多和四季均可繁殖方面。一般情况下，獭兔年繁殖胎数在 5～6 胎，胎均产仔 6～8 只，在良好的生产条件下，可达 8 胎以上。母兔四季均可发情，公兔也可配种，按其繁殖效果，春秋最好，冬季次之，夏季最差。因受夏季高温影响，配种很难受胎，冬季繁育时注意做好保温工作。

（七）繁殖利用年限短

獭兔的繁殖使用一般为 3 年，超过 3 年，繁殖能力显著降低。在生产上，除了特优秀的个体，凡是繁殖超过 3 年的，均应及时淘汰，否则对生产不利。

（八）假　孕

指母兔发生交配或受到其他相类似刺激后未受精，却出现母性行为和妊娠行为，但最终并无仔兔出生的现象。与妊娠相类似，卵巢产生黄体并分泌黄体酮，促使乳腺激活，子宫增大，不接受公兔交配等。通常情况下，持续时间为 16～18 天，假孕结束，会出现拉毛、衔草、做窝等产前征兆。假孕结束即可发情配种。生产中，为尽量避免假孕，平时要注意加强管理，不要随意抚摸种母兔，性成熟的母兔应单笼饲养，患有生殖道炎症的母兔不可配种，配种时要严格审查种公兔的质量，母兔配种后要及时复查，发现未怀孕者，及时补配。

二、獭兔的繁殖技术

獭兔繁殖力的高低主要与受胎率、产活仔数、泌乳力、成活率、年产胎数等内在因素有关，又受到饲养管理、环境因素等外在因素的影响。只有根据獭兔的繁殖特性，采取相应的技术措施，才能充分发挥獭兔的繁殖潜力，获取更多的优良后代。

（一）种兔的选择

选择繁殖能力强的公兔、母兔进行配种，是提高獭兔繁殖力的重要措施之一。因此，必须选择健康无病、性欲旺盛、生殖器官发育良好、形状特征符合要求的优秀公、母獭兔留作种用。

选留种仔兔，最好从已产 3～5 胎的优良母兔中选留，乳头应在 4 对以上。产仔少、受胎率低、母性差、泌乳性能不好的母兔绝对不能用于配种繁殖和留作种用。

（二）适时配种

应根据当地气候条件、舍内温度、保温设施等合理安排配种计划，适时配种。当獭兔的阴门黏膜颜色潮红、湿润、肿胀，并接受公兔交配时最容易受胎，一般为发情的中后期，过早或过晚配种，受胎率都不理想。配种季节以 3～5 月和 10～12 月最为理想，一般冬季在中午，夏季在早、晚，春秋两季在上、下午配种较好。

（三）配种制度

1. 重复配种法 重复配种法是指在公兔第一次交配后间隔 4～6 小时，再用同一只公兔交配 1 次。尤其是长时间没有配种的公兔，精液中的衰老和死精子数量较多，如果只配 1 次，受胎率较低，容易造成不孕和假孕。同时，第一次交配还可以达到刺激母兔排卵的目的，2 次交配可以达到提高母兔受胎率和产仔数的目的。

2. 双重配种法 双重配种法是指同 1 只母兔连续用 2 只不同血缘关系的公兔交配。中间相隔时间不超过 30 分钟，这种配种方法可以增加卵子对精子的选择性，提高母兔的受胎率、增加仔兔的生活力、提高成活率。但是双重配种法只适用于商品兔生产,不宜用于种兔生产,避免混血杂交造成血缘不纯。

(四)提高繁殖密度

如果饲养管理条件较好,可实行频密繁殖或半频密繁殖,以提高其繁殖密度。频密繁殖是指母兔繁殖间隔时间特别短,一般产后12～36小时配种,又称配热窝或血配。每年每只兔繁殖8～10胎,可获得仔兔50只以上。半频密繁殖是指母兔在产后12～15天配种,可使繁殖间隔缩短8～10天,每年可增加繁殖胎次3～4胎。

采用频密繁殖或半频密繁殖,必须注意以下几点:只有在商品兔生产中采用,种兔生产一律不能采用。要有良好的饲养管理条件,特别是饲料要全价,蛋白质饲料供应要充足、品质好,维生素及微量元素要保证足量供应。若对仔兔进行早期甚至超早期断奶,仔兔代乳料要足量供应。一般情况下,在采用频密繁殖时母兔只使用1年就淘汰。

(五)配种方法

1. 自由交配　自由交配是指将公、母兔混养,在母兔发情期间,任其自由交配繁衍。此法在以往的小规模养殖中采用,以及现代生态放养方法中使用,而规模化养兔已经淘汰此方法。

优点:方法简便,省工省力,配种及时,还可防止漏配。缺点:无法进行选种选配;极易造成近亲繁殖,品种退化,所产仔兔体质不佳,兔群品质下降;公兔配种频率高,易造成体质下降,受胎和产仔率低,使种用年限缩短,也易传播疾病。

2. 人工监护交配　平时种公、母兔分别单笼饲养,母兔发情需要配种时,按照配种计划将其放入一定的公兔笼内进行交配。人工监护交配应按以下程序进行:

第一,检查母兔发情程度,并决定其配种。

第二,按照选配计划,确定与配的公兔耳号和兔笼。

第三,将发情的母兔引荐给与配公兔,进行放对配种。在放对之前,应检查公兔和母兔外阴,若不洁净,应进行擦洗和消毒。将公兔笼内的料槽和水盆等移出。如果踏板不平或间隙过大,先放入一块大小适中的木板或纤维板(不要太光滑),然后将母兔放入公兔笼。

第四,观察配种过程。当公兔发出"咕咕"的叫声,随之从母兔身上滑下,倒向一侧,即表明配种结束。

第五,抓住母兔,在其臀部拍击一下,使其阴道和子宫肌肉收缩,防止精液倒流。然后,将母兔放回原笼。

第六,做好配种记录。将所使用的公兔品种、耳号、配种日期记入母兔的繁殖卡片。

人工监护交配的优点:第一,有利于有计划地进行配种,避免混配和乱配,以便保持和生产品质优良的兔群;第二,有利于控制选种选配,避免近亲繁殖,以便保持品种和品种间的优良性状,不断提高肉兔的繁殖力;第三,有利于保持种公兔的性活动功能与合理安排配种次数,延长种兔使用年限;第四,有利于保持兔体健康,避免疾病的传播。

人工监护交配的缺点:与自然交配相比,耗费人力、物力。

3. 人工授精　人工授精是用人为的方法获得公兔的精液,然后再借助特定的器械把精液输入母兔子宫内,使母兔妊娠的一种技术,它是家兔繁殖、改良最经济、最科学的一种方法。

人工授精技术的主要程序包括采集精液、精液品质检查、精液稀释、精液保存、诱导排卵和输精。

(1)采集精液　公兔采精的方法主要有3种,即阴道内采精法、电刺激采精法和假阴道采精法。其中,以假阴道采精法最为常见。

假阴道构造,主要有外壳、内胎和集精瓶3部分。

外壳：公兔采精用的假阴道外壳，可用竹筒、橡胶管、塑料管或白铁皮焊接而成。长 6～8 厘米，直径 3～3.5 厘米。在外壳的中间钻一直径 0.5～0.7 厘米的小孔，并安装活塞，以便由此注入热水和吹气调节压力大小。

内胎：内胎可用薄胶皮制成适当长度的圆筒，或手术用的乳胶指套（顶端剪开）或人用避孕套（截去盲端）等代替。内胎的密封性要好，使用的塑料应对精子无毒害作用。内胎长 14～16 厘米。

集精瓶：集精瓶是采精时专门用来收集和盛装精液的双层棕色玻璃瓶，可以从底部装入 37℃～39℃ 的温水，防止精液射出时遇到低温刺激。也可用口径适当的小试管或小玻璃瓶等代替。

(2)采精前的准备　采精用的假阴道，在安装前、后都要认真检查有无破损。内胎用 75% 的酒精消毒，待酒精挥发后，再安装集精瓶（用前要洗涤、消毒）。安装好的假阴道，消毒冲洗之后，通过外壳小孔注入 50℃～55℃ 的热水，达到内胎与筒壁间容积的 2/3 为宜，并使其内胎温度达到 40℃～42℃。调好温度后，再往兔阴茎插入端的口部涂擦少量消过毒的中性凡士林油或液状石蜡，起润滑作用。最后吹气，调节其压力，使假阴道内胎三角形的 3 个边几乎靠拢，即成"Y"形。

将正处于发情期的母兔放入公兔笼内，让公兔爬跨，反复几次将公兔从母兔背上推下，以促使公兔性高潮到来、副性腺分泌。

(3)采精方法　采精员左手抓住母兔耳朵及颈皮，右手持采精器，伸到母兔腹下，使采精器入口紧贴母兔外阴部下部，并根据公兔阴茎挺出的方向及高低灵活调整采精器的位置。当公兔阴茎插入假阴道时即刻射出，并发出"咕咕"的叫声而滑下。此时收回采精器，使之竖起，使精液集中于集精杯中，并送到化验室进行精液的品质检查。

(4)检查精液品质　包括射精量、色泽、气味、酸碱度、密度、活力及畸形率等。

①射精量 可直接从带有刻度的集精杯上读出，一般1毫升左右，但不同品种、个体、饲养条件和采精技术差别较大，可从0.2～3毫升不等。

②精液色泽 可肉眼观察，正常为乳白色或灰白色，浓浊而不透明，其他颜色均不正常。

③精液的pH值 可用精密pH试纸测定，正常值为7左右。

④精子活率 是指具有直线运动的精子所占比例，可在显微镜下测得。如100％的精子呈直线运动，则记为1;50％的为直线运动，记为0.5等。用鲜精输精时活率应在0.6以上。

⑤精子密度 以密度在中等以上最佳，即在显微镜下观察精子与精子之间的间隙，凡少于1个精子则记为密，等于1个精子记为中，大于1个精子记为稀。

⑥精子畸形率 指不正常精子占全部精子的百分比。畸形精子主要有双头、双尾、大头、小尾、无头、无尾、尾部卷曲等，可借助于显微镜观察。正常精液畸形率应低于20％。

(5)精液稀释 精液稀释可扩大精液量，增加输精只数，同时稀释液中某些成分还具有营养作用和保护作用。常用的稀释液有：①0.9％生理盐水。②5％葡萄糖水。③鲜牛奶：加热至沸，维持15分钟，晾至室温，用4层纱布过滤。④11％蔗糖液。

精液稀释倍数要根据精子的活力、密度和输精的只数来决定。一般稀释3～10倍。为提升精子的抵抗能力，可在稀释液中加入抗生素。每100毫升加入青霉素、链霉素各10万单位。

稀释技术：一般情况下，母兔输精量为0.5毫升，输入活精子数0.1亿个。以此可计算需加入的稀释液的量。稀释应遵循"三等一缓"原则，即等温（30℃～35℃）、等渗（0.986％）和等值（pH值6.4～7.8），缓慢将稀释液沿管壁注入精液，并轻轻摇匀。整个稀释过程所用工具、用品一律消毒，抗生素用前添加。精液稀释后再进行1次活力测试，如果精子活力变化不大，可立即输精;若变化较大,应弄清原因,重新采精、稀释。为了确保受胎率,从采精到输精的时间应尽量缩短。

(6)精液保存 精液稀释后,如一段时间用不完或不用,可以在一定的温度下保存。精液按保存温度的不同,可分为常温保存(15℃～25℃,一般只能保存 1～2 天)和低温保存(0℃～5℃,可保存数日)。用特制的稀释液稀释精液,经预冷、平衡、冷冻等过程,最后移入液氮(－196℃)中保存(可长期保存)为冷冻保存。由于家兔精子的活力容易受到超低温的严重影响,目前该技术尚不成熟。常温和低温保存又称液态保存。

(7)诱导排卵和输精 兔属于刺激性排卵动物,在输精之前必须诱导排卵。常用的方法如下:①用结扎输精管的公兔交配刺激。②耳静脉注射人绒毛膜促性腺激素 50 单位。③肌内注射黄体生成素,每只 10～20 单位。④促排卵 3 号或 2 号,每只肌内注射或静脉注射 0.5 微克(0.3～1 微克)左右。一般输精和诱排同时进行。每只兔输精 1～2 次,每次输入 0.1 亿～0.2 亿个精子,稀释后的精液量 0.2～1 毫升。

输精操作通常用倒提法和倒夹法。

倒提法:由 2 人操作。助手一手抓住母兔耳朵和颈皮,另一手抓住臀部皮肤,使之头部向下。输精员左手食指和中指夹住母兔尾根并往外翻,使之外阴充分暴露,右手持输精器,缓慢将输精器插入阴道深部 7～8 厘米处将精液输入。

倒夹法:由 1 人操作,输精员坐在一高低适中的矮凳上,使母兔头朝下轻轻夹在两腿之间,左手提起尾巴,右手持输精器输精。

注入精液后,手捏外阴,缓慢抽出输精管,最后手掌在母兔臀部拍击一下,使之肌肉收缩,以防精液倒流。

人工授精的优点:第一,实现了同期生产,即同期发情、同期配种、同期分娩、同期断奶、同期育肥和同期出栏;第二,能够充分利用优良种公兔,降低饲养成本;第三,提高工作效率;第四,提高受胎率;第五,避免疾病传播;第六,经稀释、保存的精液便于运输,可使母兔的配种不受地区限制。

三、獭兔的繁殖方式

獭兔的繁殖方式,根据育种目的不同,大致可分为纯种繁育和杂交繁育两种。

(一)纯种繁育

纯种繁育简称为纯繁,就是指同一品种或品系内的公、母兔进行配种繁殖与选育,目的在于保留和提高与亲本相似的优良性状,淘汰、减少不良性状的基因频率。近年来,我国已从国外引进了不少具有不同色型的獭兔良种,为了保持及提高这些良种的优良性能和扩大兔群数量,必须采用纯种繁育,通过纯种繁育,增强其适应性,保持其纯度,大力增加数量,不断提高质量,使其能在生产和育种工作中发挥更大的作用。

在引入品种的选育中,应采取以下措施:

1. 集中饲养 凡从国外或国内其他地区引进的种兔,首先应集中饲养,以利风土驯化和开展选育工作,同时要严格执行选种选配制度,控制近交系数的过快增长。

2. 慎重过渡 对引入品种的饲养管理,应采取慎重过渡的办法,使之逐步适应新环境,同时还应逐渐加强适应性锻炼,提高其耐粗饲、耐热、耐寒性和抗病能力。

3. 逐步推广 引入品种经过一段时间的风土驯化之后,就可逐渐推广到商品兔场或专业养兔户饲养,育种兔场、繁殖兔场应做好推广良种的技术指导工作。

（二）杂交繁育

杂交繁育是指不同品种或品系的公母兔之间的交配，用以提高兔群品质和培育出新的品种或品系的一种繁育方法，目前生产中最常用的杂交方式主要有经济杂交和育成杂交等。

1. 经济杂交　采用 2 个或 3 个品种或品系的公母兔交配，目的是利用杂种优势，即后代的生产性能和繁殖能力等都可能不同程度地高于双亲的均值，提高生产兔群的经济效益。在獭兔生产中，采用这种杂交方式时，应认真考虑杂交亲本的选择，杂交亲本必须是纯合个体。另外，要根据毛色遗传规律，掌握毛色的显性基因对隐性基因的作用关系，切忌无目的和不按毛色遗传规律进行杂交。

2. 育成杂交　主要用于培育新品种或品系，世界上现有的獭兔品系几乎都是用这种方法育成的，根据杂交过程中使用的品种数量，又可分为简单育成杂交和复杂育成杂交，通过 2 个品种杂交以培育新品种的方法，称为简单育成杂交；通过 3 个以上品种杂交培育新品种的方法，称为复杂育成杂交。育成杂交的步骤，一般可分为杂交创新、自繁固定和扩群提高 3 个阶段。运用多品种杂交时，应很好地确定杂交用的父本与母本，并严格选择，创造适宜的饲养管理条件。

四、獭兔的选育技术

要想养好兔，离不开科学的选育技术。选择獭兔良种的总体要求是体型大，生长快，外貌一致，体躯皱褶明显，被毛纯白，绒毛丰厚、平整，繁殖力高，体质健壮。

（一）体型外貌鉴定

獭兔的体型外貌与生产性能有着密切关系，是鉴定獭兔生长发育和健康状况的标志，通过体型外貌鉴定可初步确定獭兔的品种纯度、健康状况、生长发育和生产性能。

良种獭兔要求头部宽大，与体躯各部位比例相称，颈、腹部皱褶明显；两耳厚薄适中，直立挺拔，转动灵活；体躯肌肉丰满，发育良好，胸部广深，背腰广平，臀部丰满；四肢要求强壮有力，肢势端正，肌肉发达。

毛色既是区别獭兔不同品系的重要标志，也是评定商品价值的主要依据。獭兔的毛色类型多达数十种，从选种要求而言，无论何种色型，都要求毛色纯正、色泽光亮。从商品生产考虑，一般以选养白色獭兔为佳，因白色獭兔与其他有色獭兔相比，遗传性能较为稳定，且不经脱色即可印染成人们喜爱的各种颜色。

体重和体尺是衡量獭兔生长发育情况的重要依据。獭兔属中型体重品种，成年母兔体重为 3.5～4.5 千克，成年公兔体重为 4.8～5.0 千克。体重大，则毛皮张片大，可利用皮张面积大，商品价值高。因此，选育良种，应尽量选择体型大的个体。

另外，目前在獭兔的选种工作中还有一个趋向，就是要求凡留作种用的公、母兔的颈部、腹部、后躯被毛皱褶明显，皱褶明显则皮张伸张后面积大，商品价值高。

（二）被毛品质的鉴定

獭兔被毛特点可用"短、细、密、平、美"来概括，制裘后轻柔、美观，手摸时柔软而富有弹性，压服后很快复原，具有很强的反弹力。

"短"，是指毛纤维极短。一般肉用兔的毛纤维长 3.0～3.5 厘米，长毛兔毛纤维长 6～10 厘米，而獭兔的毛纤维长度为 1.3～

2.2 厘米,最理想的毛纤维长度为 1.6～1.8 厘米,超过 2.2 厘米,则毛绒过长,不够平整;短于 1.3 厘米,则毛绒过短,不够丰厚,均属不合格。

"细",是指被毛中的绒毛含量和细度。良种獭兔要求绒毛含量高,达 93%～96% 以上,粗毛含量低,在 4%～7% 以下,绒毛细度为 16～19 微米。生产实践表明,被毛中粗毛含量的高低,除受遗传因素影响外,还主要受外界环境和饲养管理条件的影响,不良的饲养管理条件、忽视品种选育,均会引起品种退化,导致粗毛含量增加。

"密",是指被毛密度,是獭兔毛皮的重要特性,以单位平方厘米毛纤维的根数来表示,密度愈大,毛皮质量愈好,目前因尚无快速检测被毛密度的工具或仪器,故在选种时多凭口吹手摸的经验来鉴别,即手感被毛丰满绒密则密度较大;口吹臀部被毛,如果缝隙很大,则说明被毛很稀,密度很差,如果露出皮缝很不明显,则说明密度良好。

"平",是指全身被毛长短均匀,整齐一致。獭兔被毛最忌长短不一、参差不齐,如果粗毛含量过高而突出于绒面,则失去了獭兔毛皮的特色。

"美",是指獭兔被毛色泽光润,自然美观,手感柔软,富有弹性,外观毛色纯正,绚丽多彩。

(三)种用体质标准

凡优良的种兔都要求体质健壮,窄肩瘦臀,体躯瘦长;腿姿不正,骨骼纤细,草腹弓背,体质瘦弱等均属严重缺陷。

选择优良种兔,一般可根据以下体况标准进行选留。

一类膘:用手抚摸兔子的腰部脊椎骨,无算盘珠状颗粒凸出,双背脊,多为九十成膘,属过肥,暂不宜作种用,需改善饲养管理(减肥)后,方能作为种用。

二类膘：用手抚摸兔子的腰部脊椎骨，无明显算盘珠状颗粒凸出，用手抓起颈背部皮肤，兔子挣扎有力，说明体质健壮，多为七八成膘，是最理想的种用体况。

三类膘：用手抚摸兔子的腰部，有算盘珠状颗粒凸出，手抓颈背部，皮肤松弛，挣扎无力，多为五六成膘，需加强饲养管理，调整日粮配方，恢复体况后，方可作为种用。

四类膘：全身瘦削，皮包骨头，用手抚摸兔子的腰部脊椎骨，有明显算盘珠状颗粒凸出，手抓颈背部，皮肤松弛，挣扎无力，多为三四成膘，这类兔子不宜留作种用，应酌情淘汰。

（四）个体选择要求

獭兔良种的个体选择就是根据獭兔本身的质量性状或数量性状，通过眼看手摸，在兔群内选择优秀个体，淘汰低劣个体。这是一种简单易行的选种方法，尤其适用于某些遗传力较高的性状选择，因为遗传力较高的性状，在兔群中个体间表现型的差异比较明显，所以选出表现型优良的个体，就能比较准确地选出遗传性能比较优秀的个体。

总体要求：良种獭兔应选择体型大、生长快、被毛品质优良的个体，以期把这些优良特性遗传给后代。被毛品质方面，特别要注意选留毛色纯正，被毛绒密、平整，粗毛含量少的个体留作种用，以期不断提高被毛品质。

母兔要求：选留良种母兔，一是要求繁殖力高，最好从第二、三胎后所产的仔兔中选留，千万不能在初产母兔所产的仔兔中选留，而且要从多产窝中选留，如果连续 5 次拒配，连续空怀 2～3 次，连续 3 胎产仔数少于 4 只的母兔应予淘汰。二是良种母兔要求所产仔兔个体均匀，产仔大小不匀说明仔兔和母兔的健康状况不良，可能出现发育不良的弱小兔，仔兔死亡率较高。三是要求泌乳力高，有效乳头必须在 4 对以上，母兔的泌乳力一般可用仔兔 21 日龄的窝重来衡量,21 日龄窝重大,则说明母兔泌乳力高。四是要求母性好,护仔力强,仔兔成活率高,无拒哺、残食仔兔等恶癖。

公兔要求:良种公兔必须选择品种特征明显、健康活泼、性欲旺盛、精液品质良好、配种受胎率高、被毛品质优良、体型较大的个体,过肥、过瘦、行动迟钝、性欲不旺、隐睾、单睾或睾丸一大一小的个体,都不宜留作种用。

（五）阶段选种方法

阶段选择又称综合选择,就是运用个体选择和家系选择,根据各个时期的生产表现做出可靠评价的一种选种方法。

第一次选择:一般在断奶时进行,主要以系谱和断奶体重作为选择依据,以系谱选择为主,结合个体断奶体重,配合同窝其他仔兔生长发育的均匀度进行选择,凡符合育种要求的列入育种群,不符合要求的列入生产群。

第二次选择:一般在 5～6 月龄时进行,獭兔从断奶至 5～6 月龄是一生中生长最快、毛皮品质最好的时期,又正值种兔初配和商品兔取皮时期,所以以生产性能和外貌鉴定为主,逐一筛选,合格者进入后备种兔群,不合格者作商品兔宰杀取皮;对公兔则还须进行性欲和精液品质检查,淘汰性欲差、配种受胎率低的不理想公兔。

第三次选择:一般在种兔繁殖 2～3 胎后进行,以后裔测定为主,根据本身的繁殖性能和后裔的生长速度、被毛品质、遗传性能等进一步评定种兔的优劣情况,将品质特别优秀的种兔列入核心群,优良种兔列入育种群,较差者列入生产群。

（六）选留种兔的注意事项

选留种兔应重视几个关键部位:①颈上部与头结合的三角

区,优良的种兔,该部位被毛应丰厚,否则会降低皮张有效利用面积,商品等级降低。②脚毛,主要是后肢脚毛。脚毛丰厚的獭兔抗脚皮炎能力比较强,而一旦发生脚皮炎,种兔的利用价值将大幅度下降,甚至完全丧失种用价值。③大腿内侧,该部位容易出现毛稀和无毛的现象,降低皮张的商品价值。④腹部被毛,全身被毛较稀的部位,能反映全身被毛的浓密程度。

精选被毛品质相关指标:如密度、细度、长度、平整度、粗毛率等。种兔应当被毛丰满、厚实并平顺,毛纤维细而直立,并有弹性,枪毛含量少且不超出绒毛面,腹毛密度与背毛密度差距不大。手指伸入臀部被毛,手感紧密厚实,绒毛超出手指,说明密度、长度良好;或口吹被毛,形成漩涡中心,露皮不超过 4 毫米^2,说明密度良好。一般要求种用獭兔的被毛密度不少于 1.8 万根/厘米^2。绒毛长度在 1.3～2.2 厘米,以 1.6 厘米为最佳。粗毛率控制在 2.6% 以下。

第五章

獭兔饲养管理

一、獭兔的日常管理及健康检查

科学的饲养管理技术是獭兔养殖取得良好效益的关键,如果饲养管理方法不当,即使有优良的品种、优质的饲料,也不一定能取得良好的饲养效果。要想养好獭兔,就要根据獭兔的生物学特点、生活习性以及不同发育阶段的生理特点,采取不同的饲养管理方式。獭兔的饲养管理应遵循以下基本原则。

(一)日粮结构类型的选择

獭兔是草食动物,饲料中必须有草,这是最基本的原则。獭兔能够利用植物中的部分粗纤维,每天能采食占自身重量10%~30%的青饲料,但是青饲料不能完全满足獭兔对各种营养的需求,影响其高产性能的发挥。据测定,1只母兔每天需吃3千克鲜草或800克优质粗饲料才能产200克奶;一只体重1千克的生长兔,每天要吃700~800克的青饲料,才能满足日增重35克的营养需要。如此大量的青粗饲料,兔的消化道是容不下的。由此可见,要想养好兔,获得理想的饲养效果,还必须科学地利用精饲料,同时补充维生素和矿物质等营养物质,否则达不到高产要求。

现代养兔追求的是生产效率和经济效益,必须根据獭兔的消化生理、结构特点和营养需求进行日粮的搭配。目前,普遍使用2种结构类型的日粮:青粗饲料＋精料补充料和全价饲料,选用饲料要根据当地实际情况,因地制宜,科学选择。

（二）饲喂方法和饲喂量

獭兔采食具有多餐的特点,一天采食多达40次。日采食的次数、间隔时间、采食的数量受饲料种类、给料方法及气温等因素的影响。

獭兔的饲喂方法可分为自由采食和限制饲喂。自由采食就是让兔随便吃,但必须是全价颗粒饲料,而且粗纤维含量要较高,大型兔场多采用此法。优点是能提高采食量和日增重,缩短上市日龄,利于促进现代化、规模化、机械化自动喂料系统的推广;但其耗料量大,饲料报酬低,单位养殖利润不高。限制饲喂,即根据不同品种、大小、体况、季节和气候条件等定时间、定次数、定数量进行饲喂,以养成獭兔定时采食、休息和排泄的习惯,有规律地分泌消化液,促进饲料的消化吸收。喂料多少不均,早迟不定,不仅会打乱兔的进食规律,造成饲料浪费,还会诱发消化系统疾病,导致胃肠炎的发生。一般要求每天饲喂2~4次,精、青粗饲料可单独交叉饲喂,仔兔消化力弱,宜少吃多餐。夏季炎热,喂料宜在早晚进行。

（三）保证饲料品质、合理调制饲料

獭兔的消化道疾病约占疾病总数的半数,且多与饲料有关。有了科学的饲养标准和合理的饲料配方仅仅是完成了一半工作,更重要的一半是饲料原料的质量和饲料配合的技术。生产中,由于饲料品质问题而造成群体大面积发病和死亡的现象很多,主要表现为饲料原料发霉变质,特别是粗饲料由于含水量超标在贮存过程中发霉变质,颗粒饲料在加工过程中由于加水过多没有及时干燥而发霉的事件也不鲜见。

在养兔中要注意以下草料禁喂:霉烂、变质的饲料,带泥、带沙的草料,带雨、露、霜的草,打过农药的草,堆积草,冰冻饲料和发芽的土豆,黑斑甘薯,生的豆类饲料未经蒸煮、焙烤,牛皮菜、菠菜等不宜长期单独饲喂,有刺、有毒的植物和混有兔毛、粪便的饲料不喂。

不同饲料原料具有不同的特点,在饲喂之前,需根据其不同特点进行适当的加工调制,以改善饲料的适口性,提高消化率。如青草和蔬菜类饲料应先剔除有毒、带刺植物,块根类饲料宜洗净、切碎或刨成细丝与精饲料混合喂给;配合饲料宜制成颗粒饲料饲喂。此外,还要规范饲料配合和混合搅拌程序,特别是使配合饲料中的微量成分均匀分布,预防由于混合不均匀导致的严重后果。

(四)更换饲料逐渐过渡

频繁更换饲料是养兔的一大禁忌,这与獭兔胃肠的消化生理有关。兔子是单胃草食家畜,其消化功能的正常依赖于盲肠微生物区系的平衡。当有益微生物占据主导地位时,兔子的消化功能正常;反之,有害微生物占据上风时,獭兔正常的消化功能就会被打乱,出现消化不良,肠炎或腹泻,甚至导致死亡。胃肠道消化酶的分泌与饲料种类有关,而消化酶的分泌有一定的规律;盲肠微生物的种类、数量和比例也与饲料有关,特别与进入盲肠的食糜关系密切,频繁的饲料变更,使兔子不能很快适应变化了的饲料,造成消化功能紊乱,生产中这样的教训屡见不鲜,特别是容易出现在从外地引种后和季节的变更所引起饲料种类的变化时。饲料不能突然更换,要逐渐进行,例如从外地引种,要随兔带来一些原场饲喂的饲料。

更换饲料,无论是数量的增减或种类的改变,都必须坚持逐步过渡的原则。变化前应逐渐增加新换饲料的比例,原来所用的饲料量逐渐减少,每次不宜超过 1/3,一般过渡 5～7 天,使兔的消化功能与新的饲料条件相适应。饲料突然改变,容易引起腹泻、腹胀等消化道疾病或伤食,影响獭兔健康。

（五）保证饮水供给

水是生命活动所必需的,不仅是獭兔机体的最大的组成成分,也是完成营养物质在体内的消化、吸收及残渣的排泄等的媒介。水还有调节体温的作用,也是治疗疾病与发挥药效的调节剂,是维持各种生理功能不可或缺的。

水的来源有饮用水、饲料水和代谢水。獭兔的日需水量较大,尤其夜间饮水次数较多。传统养兔给人们造成兔子不饮水的误解是完全错误的,那是因为青绿饲料中含有的水分已经部分满足了兔对水的需求,而在实际生产中,即使只喂青绿饲料,也需要喂一定量的水。充足的饮水对仔兔的生长发育也有重要意义。

供水不足还会引起胃肠功能降低,消化紊乱,诱发肠毒血症,食欲减退,出现肾炎,甚至母兔产后吃掉仔兔,泌乳不足。此外,供水不足还会导致兔喝尿,乱食杂物,被毛干枯、变脆、弹性差,兔毛生长缓慢,公兔性欲减退,精液品质下降等。

现代养兔最好是保证自由饮水,理想的供水方式是采用全自动饮水系统。在生产中一定要对饮水系统随时检查,定期冲洗维修,确保每只兔笼供水充足。若无条件自由饮水,则必须勤换勤添。此外,要保证饮水质量,做到不饮被粪尿、污物、农药等污染的水,不饮不流动水源的水,符合人饮用水标准,如自来水、深井水等。

（六）创造良好的环境条件

要结合獭兔的生理特性,结合当地的自然生态条件,尽量给獭兔创造一个良好的环境条件。

1. 保持笼舍清洁干燥 獭兔是喜清洁、爱干燥的动物,搞好兔笼兔舍的环境卫生并保持干燥尤为重要,这样可以减少病原微生物的滋生繁殖,从而起到有效防止疾病发生的作用。因此,要每天清扫笼舍,及时清除粪尿,勤换垫草;经常洗刷饲具,定期消毒。避免笼舍内湿度过大,兔舍不宜经常冲洗,防止饮水器、水箱等漏水,兔舍四周排水管道畅通,防止污水积存,并加强通风。

2. 夏季防暑,冬季防寒 兔的最适温度为15℃～25℃,临界温度为5℃～30℃,处于临界温度外时,獭兔的生产性能就会降低,而且持续时间越长,对兔的危害就越大。我国气候条件南北各异,应根据当地的地理环境、气候特点、兔舍构造以及兔场的经济实力等,采取各种措施或安装必要的设施设备,做好夏季防暑、冬季防寒的工作。

3. 保持环境安静,防止兽害 兔是胆小易惊、听觉灵敏的动物,突然的噪音可使其惊慌失措,乱窜不安,尤其在妊娠、分娩、哺乳时影响更大。应禁止在兔舍附近鸣笛、放鞭炮等,防止猫、狗、蛇、老鼠等对兔的侵害,防止陌生人突然闯入兔舍。

4. 分群分笼饲养,搞好管理 每个养殖场、户都应按獭兔的经济类型、生产方向、品种、年龄、性别、体质强弱、所处生理阶段等进行分群分笼饲养,并做好相应的管理措施。繁殖母兔应配备产仔箱,仔兔分窝饲养;幼兔根据日龄、体重分群饲养;对3月龄以上的后备兔、种公兔和繁殖母兔,必须单笼饲养。

（七）严格执行防疫制度

预防疾病,是提高养兔效益的重要保障,严格防疫制度是獭兔饲养管理的重要环节。与其他家畜相比,獭兔的抗病能力较弱,各种应激因素,如引种、惊吓、饲料霉变、环境潮湿、拥挤、转群等以及病原感染都容易导致疾病的发生。任何一个兔场或养殖户,都必须牢记"预防为主、治疗为辅、防重于治"的基本原则,建立健全引种隔离、日常消毒、定期巡检、预防注射疫苗或预防投药、病兔隔离及加强进出兔舍人员的管理等防疫制度。此外,每天要认真观察兔的粪便、采食和饮水、精神状态等情况,做到无病早防、有病早治。

二、獭兔不同生理阶段的饲养管理

(一)种公兔的饲养管理

饲养种公兔的目的是配种,繁育大量优良的后代。优良的公兔对提高兔群质量具有重要的作用,因此种公兔的选育、饲养和管理尤为重要。

1. 种公兔的培养 种公兔应该从优秀父母的后代中选留,要求:体型大,生长速度快,主要经济性状优秀。此外,睾丸的大小与獭兔的生精能力呈正相关,因此,选留睾丸大而且匀称的公兔可以提高精液的数量和品质,从而提高受胎率。公兔的性欲也可以通过选择而提高。预留公兔的选择强度一般要求在10%以内。

公兔的饲料营养要求全面,营养水平适中,切忌用低营养水平的饲粮饲养,否则容易造成"草腹兔",影响日后配种。

公兔在5月龄前的自由采食量一直都在增加。此后,采食量下降约30%或出现自然限饲。与同窝出生的限饲仔兔相比,自由采食不会影响公兔的性欲或精液品质。因此,饲养实践中我们不提倡对公兔进行限饲。但对于体重过大的公兔采取限饲可以使公兔成年体重减轻大约 0.5 千克,这样预计对其使用寿命有利。兔群严禁使用未经选育的公兔参加配种,以防兔群质量退化。

2. 种公兔的饲养 营养的全面性和长期性应始终贯穿于种公兔饲养的一生。公兔饲粮的营养价值决定着精液的数量和质量,其中能量、蛋白质、维生素、矿物质尤为重要。

公兔饲料的能量保持中等水平,保持在 10.46 兆焦/千克为宜。能量过高,易造成公兔过肥,性欲减退,配种能力差;能量过低,造成公兔过瘦,精液产量少,配种能力差,效率低。

蛋白质的品质、数量影响着公兔性欲、射精量和精液品质等,因此公兔饲料中要添加动物性蛋白质饲料,如鱼粉、蚕蛹粉等,粗蛋白质水平须保持在 17%。

维生素与公兔配种能力和精液品质有密切关系。饲料中维生素不足,会导致后备公兔性成熟推迟,睾丸组织发育不良,严重时丧失种用能力。成年公兔精液中精子数目减少,畸形增多,受精能力降低。

矿物质元素尤其是钙、磷也是公兔精液形成所必需的营养物质。缺钙时,公兔精子发育不全,活力低,四肢无力,所以饲料中要使用骨粉和微量元素添加剂。

由于精子是由睾丸中的精细胞发育而成,而精细胞的发育需要一个较长的时期,所以营养物质的添补要及早进行,一般在配种前 20 天开始调整日粮。配种期还应根据配种强度,适当添补饲料,以改善精液品质,提高受胎率。

保持种公兔七至八成膘情。种公兔日粮中能量过高,运动减少或长期不使用,均易造成过肥,配种能力随之下降或不配种,这时应根据具体情况降低饲喂量,增加运动,使膘情维持在中等水平。对于过瘦的公兔,要分析原因,进行补饲或疾病治疗。

3. 种公兔的管理 成年公兔应该单笼饲养,笼子要比母兔笼稍大,以利运动。有条件时,定期让公兔在活动场地运动 1 个小时。笼门要关好,防止外逃乱配。笼板间隙不要过宽,笼内禁止有钉子头、铁丝等锐利物,以防刺伤公兔生殖器。

公兔的初配年龄以体重达到成年体重的 75% 为宜,一般在 7～8 月龄进行第一次配种。公兔使用年限从开始配种算起,一般为 2 年,特别优秀者可以适当延长,但最多不超过 3～4 年。

公兔的配种频度:青年公兔每天配种 1 次,连续 2 天休息 1 天;初次配种公兔实行隔日配种法,也就是交配 1 次休息 1 天;成年公兔 1 天可交配 2 次,连续 2 天休息 1 天。对于长期不参加配种的公兔开始配种时,头一两次交配多为无效配种,应采取双重交配。生产中存在着饲养人员对配种强的公兔过度使用现象,久而久之就会导致优秀公兔性功能衰退,有的造成不可逆衰退。

公兔"夏季不育"解决措施:露天兔场要搭好凉棚,或在兔舍前种植葡萄、丝瓜、南瓜、葫芦等藤蔓植物来遮阴。也可在兔舍屋面上覆盖一层 10～15 厘米厚的稻草或麦秸,洒上凉水,保持长期湿润,可阻止大量热气进入舍内。还可以让獭兔饮用新鲜的地下水,也能起到防暑的效果。温度过高时向地面泼洒凉水,增加蒸发散热,以减缓高温对獭兔的不利影响。一旦发生獭兔中暑,应立即将病兔放在阴凉通风处,用凉水喷洒头部、四肢等处,獭兔一般会慢慢醒来。同时,要进行合理饲喂。夏季的饲料必须是能量略低于标准,杜绝饲喂不清洁、带露水的草和霉变的饲料。夏季白天温度较高,獭兔食欲不强,中午少喂,等到晚上气温低时,獭兔的食欲较旺盛,应注意添加饲料,先喂精料,然后加足饲草。如喂青草最好用水冲洗干净控干后再喂。供给充足的清洁饮水和新鲜的青绿多汁饲料。平时注意添喂防暑降温抗应激药物。獭兔毛细、密度大,皮不透气,体表无汗腺,夏季气温上升到 30℃ 以上时,容易发生应激反应。可在饲料中添加 0.5% 维生素 B_{12}、0.5% 维生素 C、0.5% 碳酸氢钠;鱼腥草、韭菜各适量,水煎,取汁加少许食醋、白糖,给兔自饮,能很好地防暑降温,又有抗应激作用。健康检查:经常检查公兔生殖器官,如发现疾病应立即停止配种,隔离治疗或淘汰。

(二)种母兔的饲养管理

1. 空怀母兔的饲养管理 空怀母兔是指母兔从仔兔断奶到再次配种妊娠的这一段时期,又称休养期。由于哺乳期消耗了大量的养分,体质瘦弱,这个时期的主要饲养任务是恢复膘情,调整体况。管理的主要任务就是防止过肥或过瘦。空怀母兔的膘情以七至八成为宜。过瘦的母兔,适当增加饲喂量,青草季节加喂青绿饲料;冬季加喂多汁饲料,尽快恢复膘情。如果种母兔过肥则应当进行减膘。限食是最有效的方法,限食有以下几种形式:一是减少饲料供给量。减少饲喂量或每天减少 1 次饲喂次数。二是限制獭兔饮水,从而达到限食的目的。三是降低饲料营养水平。

空怀母兔一般单笼饲养。但是必须观察其发情情况,掌握好发情症状,适时配种。空怀期的长短与母兔体况的恢复快慢有关,过于消瘦的个体可以适当延长空怀期。一味追求繁殖的胎数,往往会适得其反。对于不易受胎的母兔,可以通过摸胎的方式检查子宫是否有肿块,患有子宫肿块的兔要及时做淘汰处理。优良品种的产后恢复较快并能迅速配种受胎,对于产后长时间体况恢复不良的个体应做淘汰处理。

2. 妊娠母兔的饲养管理 母兔自交配受胎到分娩产仔这段时间称为妊娠期。正常妊娠期 30～31 天。此期应供给母兔营养全面的饲料,以保证胎儿正常发育。胎儿 90% 的体重是在妊娠后期长成的,因此妊娠母兔饲养管理的重点在妊娠后期。

母兔妊娠期间除维持自身的生理需要外,胎儿的发育等也需要大量的营养物质。妊娠后期能否给母兔提供全面的营养将影响胎儿发育、母兔的健康及其产后的泌乳能力和仔兔成活率。妊娠母兔所需营养物质中,蛋白质、维生素和矿物质最为重要。妊娠期母兔的营养需要量是平时的 1.5 倍,母兔妊娠期间应给予富含蛋白质、维生素和矿物质的饲料,并逐渐增加饲喂量。

在满足妊娠母兔营养需要的同时要进行限制饲养,以防母兔过肥。母兔自由采食颗粒料时,每只每天的饲喂量不超过 150～180 克;进行混合饲喂时,补喂的精饲料或颗粒饲料每只每天不超过 100～120 克。母兔临产前 3 天,减少精饲料饲喂量,增加青绿饲料的喂量。

母兔配种后 10 天左右应进行妊娠检查。为防母兔流产,不要捕捉妊娠母兔,母兔妊娠后期更应加倍小心,必须捕捉时,要使母兔保持安静。母兔妊娠期间保持环境安静,避免母兔受到干扰。摸胎动作要轻柔,对已受胎兔尽量不要触及其腹部。

严禁喂给孕兔发霉、变质及冰冻的饲料,否则易导致流产。冬季孕兔应饮温水,饮凉水会造成母兔子宫收缩而流产。保持笼舍清洁、干燥。

根据孕兔预产期,提前 3 天准备好产仔箱,产仔箱清理、消毒,铺上柔软的垫草后放入母兔笼内。产仔箱内的垫草可随气温变化增减,但不能不放。

母兔分娩时保持兔舍及周围环境安静。分娩后及时给予母兔清洁饮水,母兔分娩后较口渴,如供水不及时会咬伤甚至吃掉仔兔。为防止母兔食仔,可给母兔提供糖盐水。产后 3 天内给母兔投喂预防乳房炎的药物。

3. 哺乳母兔的饲养管理 从分娩到仔兔离乳这段时间的母兔称为哺乳母兔。

哺乳母兔的饲料必须营养全面,富含蛋白质、维生素和矿物质。让哺乳母兔自由采食颗粒饲料的同时应适当补喂青绿多汁饲料。仔兔在哺乳期的生长速度和成活率取决于母兔的泌乳量,而保证哺乳母兔营养充足是提高母兔泌乳力的关键。哺乳母兔的饲喂量要随仔兔的生长而逐渐增加,饲喂量不足会导致母兔很快消瘦,既影响母兔的健康,又影响下一胎次的妊娠和已产仔兔的生长发育。

及时清理产仔箱,清除箱内被污染的垫草、被毛和死胎,并盖好已产出的仔兔。经常检查、维修产仔箱、兔笼,避免母兔乳房、乳头被擦伤和刮伤。保持笼舍及用具清洁,避免母兔乳房或乳头被污染。母兔哺乳时保持环境安静。经常检查母兔的乳房、乳头,如发现其乳房有硬块、红肿,应及时治疗,以防诱发乳房炎。

(三)仔兔的饲养管理

初生到断奶的小兔称为仔兔。在养兔过程中,相对兔的各生长发育阶段来讲,仔兔的饲养管理尤为重要,养好仔兔关系着基础群的发展壮大,关系着品种的选育。在不同饲养季节中,冬季和早春的饲养难度较大,因为冬季和早春气温低,仔兔抵抗能力低,易得疾病,导致成活率低,所以做好饲养管理尤为重要。

1. 仔兔的生长发育特点

(1)全身裸露,无体温调节能力 初生仔兔身上无毛,没有调节体温的能力,舍温低时很容易被冻死。初生仔兔窝内温度应保持在 30℃左右。

(2)视觉、听觉未发育完全 仔兔生后闭眼,耳孔封闭,整天吃奶睡觉。生后 8 天耳孔张开,11~12 天眼睛睁开。

(3)生长发育快 仔兔初生重 40~65 克。在正常情况下,出生后 7 天体重增加 1 倍,10 天后增加 2 倍,30 天增加 10 倍,30 天后仍保持较高的生长速度,因此整个时期对营养物质要求较高。

2. 饲养管理

(1)睡眠期 仔兔出生后至开眼的这段时间称睡眠期。这个时期饲养管理的要点是:早吃奶,吃足奶。兔奶营养丰富,又是仔兔初生时生长发育所需营养物质的直接来源,所以保证初生仔兔早吃奶、吃足奶非常重要。实践证明,若初生仔兔能早吃奶、吃足奶,则生长发育快,体质健壮,抗病力强;如奶汁不足或经常饿奶,则仔兔抗病力差,死亡率高。因此,在仔兔出生后 6～10 小时,须检查母兔哺乳情况,发现没有吃到奶的仔兔,要及时让母兔喂奶。兔吃饱奶的表现是安睡不动、腹部圆胀、肤色红润、被毛光亮;饿奶时,仔兔皮肤皱缩、腹部不胀、到处乱爬、肤色发暗,被毛枯燥无光,用手触摸时,仔兔头向上窜,"吱吱"嘶叫。

仔兔吸乳后腹部膨胀,皮毛发亮,说明乳汁充足;如哺乳后仔兔腹部干瘪,在窝中蠕动不安,则说明母兔缺乳,要进行催乳。催乳方法:一是喂生花生米,每天 1 次,每次 8～10 粒,连用 3 天;二是在饲料中掺入少量猪油;三是喂给母兔青绿多汁饲料,如胡萝卜等;四是拔掉乳房周围的兔毛,刺激泌乳。

仔兔在睡眠期,除吃奶外,全部时间都在睡觉。此时代谢很旺盛,吸食的奶汁大部分被消化吸收,很少有粪便排出来。因此,睡眠期的仔兔只要能吃饱奶、睡好觉,就能正常生长发育。但在生产实践中,初生仔兔吃不饱奶的现象经常出现。如对护仔性不强的母兔,特别是初产母兔,产仔后不会照顾自己的仔兔,甚至不给仔兔哺乳而造成仔兔饿奶时,必须及时采取强制哺乳措施。强制哺乳方法:将母兔固定在巢箱内,使其保持安静,将仔兔分别安放在母兔的每个乳头旁,嘴顶母兔乳头,让其自由吮乳,每日强制哺乳 1～2 次,连续 3～5 日,母兔便可顺利哺乳。如因母兔产仔过多,造成少数仔兔吃不到奶时,应采取调整仔兔,给仔兔找保姆的措施。母兔产仔数往往多少不等,可将多余的仔兔从窝中拿出,调整给产期接近,产仔数少的母兔寄养。为避免寄母咬养仔,可先将两窝仔兔混放在一起,使仔兔气味一致后即可哺乳。如果仔兔出生后母兔死亡、无奶或患有乳房疾病不能喂奶,可以采取人工哺乳的措施。人工哺乳用鲜牛奶或奶粉均可,可用塑料眼药水瓶饲喂,在饲喂前均须煮沸消毒,然后冷却到 37℃～38℃时喂给,每天 1～2 次。喂时要耐心,在仔兔吸吮的同时要轻压塑料瓶体,不要滴入太急,以免误入气管呛死,不宜喂得过多,以吃饱为度。

仔兔出生后4～5天开始长出细毛,这个时期的仔兔对外界环境的适应能力差,抵抗力弱。因此,冬春寒冷季节要防冻,夏秋炎热季节要降温防蚊,平时要防兽害、鼠害。要认真做好清洁卫生工作,保持草垫的清洁与干燥,预防感染疾病。仔兔身上盖毛的数量因气温而定,冷时加厚,热时减少,以防仔兔挨冻或受热。

经常注意观察仔兔的粪尿是否正常,如仔兔尿多,说明母兔青绿多汁饲料吃得太多,乳汁太稀;仔兔粪多,说明母兔精饲料吃得太多,青绿饲料吃得太少或饮水不够、乳汁太浓。根据这些情况,相应调整母兔的饲料。

(2)开眼期 仔兔出生后12天左右开眼,从开眼到断奶这一段时间称为开眼期。仔兔开眼后,精神振奋,会在巢箱内往返跳蹦,数日后跳出巢箱,叫做出巢。出巢的迟早,依母乳多少而定,母乳少的早出巢,母乳多迟出巢。此时,由于仔兔体重日益增加,母兔的乳汁已不能满足仔兔的需要,常紧追母兔吸吮乳汁,所以开眼期又称追乳期。这个时期的仔兔要经历一个从吃奶到吃植物性饲料的转变过程,饲养的重点应放在仔兔的补料和断奶上。

①仔兔的补料 仔兔长到16日龄就开始试吃饲料,这时可喂给少量易消化而富有营养的饲料,如豆浆、豆腐或剪碎的嫩青草、青菜叶等;18～21日龄时,可喂些黑麦草和豆渣;22～26日龄时,可在同样的饲料中加入少量的矿物质、抗生素、洋葱和橘叶等消炎、杀菌、健胃的药物,以增强体质减少疾病。仔兔胃小,消化力弱,但生长发育快,在喂料时要少喂多餐,均匀饲喂,逐渐增加。一般每天喂5～6次,每次量要少些。在开食初期以母乳为主,饲料为辅;20日龄时,转变成以饲料为主,母乳为辅,直到断奶。在这个过渡时期,要特别注意缓慢转变的原则,使仔兔逐步适应才能获得良好的效果。仔兔刚开食时,会误食母兔的粪便,如母兔有球虫病,易传给仔兔。为了保证兔体健康,最好自15日龄起母

仔分笼饲养,但必须每隔 12 小时给仔兔喂奶 1 次。

②仔兔的断奶 仔兔断奶时间一般在 40~45 日龄,兔体重达 500~600 克,在不采取特殊措施的情况下,断奶越早,仔兔的死亡率越高。过早断奶,仔兔的消化系统还没有充分发育,对饲料的消化能力差,生长发育会受影响。断奶过迟,仔兔长时间依赖母乳营养,消化道中各种酶形成缓慢,导致仔兔生长缓慢;同时,对母兔的健康和每年繁殖窝数也有直接影响,所以仔兔的断奶以 40~45 日龄为宜。

断奶方法要根据全窝仔兔体质强弱而定,若全窝仔兔生长发育均匀、体质强壮,采用一次断奶法,即在同一时间内将母仔分开饲养。母兔在断奶的 2~3 日,只喂青饲料,停喂精饲料,使其停奶。如全窝仔兔体质强弱不一、生长发育不均匀,可采用分批断奶法,即先将体质强的仔兔断奶,体弱者继续哺乳,数日后视情况再行断奶。如果条件允许,可采取移出母兔,仔兔留原窝的办法,以避免环境骤变,影响仔兔增重。

断奶仔兔生长发育快,但抗病力差,要特别注意护理。为了提高仔兔的健康水平,每次饮食后,可由母兔带到运动场内适当活动以增强体质。兔在运动时,应有专人看管,防止互斗被伤害;如发现病兔,应迅速隔离;如果遇到气候突变,应尽快收回。

（四）后备兔的饲养管理

种兔是商品兔生产的基础,养好种兔是养兔生产的关键。种兔利用 2~3 年后,生产性能逐渐下降,必须补充新的后备种兔进入繁殖群体,保持以青壮年兔为主体的结构比例,从而保障兔场有较高的生产水平和经济效益。

由于青年兔具有生长发育快、体内代谢旺盛、采食量大等特点,抗病力和对粗饲料的消化力已逐渐增强,是比较容易饲养的阶段。但也是容易被忽视的时期,其结果往往造成生长发育迟缓或过于肥胖,影响正常的配种繁殖工作,导致种用性能下降,品种退化。因此,必须搞好后备兔的饲养管理。

1. 后备兔的饲养 后备兔指 3 月龄至初配阶段留作种用的青年兔,应按其生长发育阶段的不同特点分别进行饲养。

3 月龄至 4 月龄阶段,兔的生长发育依然较为旺盛,骨骼和肌肉尚在继续生长,生殖器官开始发育,应充分利用其生长优势,满足蛋白质、矿物质和维生素等营养的供应,尤其是维生素 A、维生素 D、维生素 E,以形成健壮的体质。

4 月龄以后,家兔脂肪的沉积能力增强,应适当限制能量饲料的比例,降低精饲料的饲喂量,增加优质青饲料和青干草的喂量,体况维持在八分膘情即可,防止过肥。

2. 后备兔的管理 后备兔在管理上主要是要防止互相咬斗及公、母兔间的早交乱配,做好疫病的防治工作,控制好初配年龄和体重,保证适时发情配种。

(1)及时分笼 3 月龄左右,家兔的生殖器官开始发育,特别是成年体重偏小的中小型兔,公、母兔已经发育了一段时间,如果公、母兔集中在同一个笼内饲养,容易导致公、母兔间的早交乱配。同时,随着生殖系统的发育,家兔同性好斗的特点表现得更为明显,同性特别是公兔间的打斗不仅消耗体能,而且更容易造成身体残缺,丧失种用性能,因此,3 月龄后公、母兔都要实行单笼饲养。

(2)做好疫病防治工作 由于兔后备阶段消化道已经发育完全,死亡率降低,抵抗力增加,对粗放饲养的耐受力高,因此,容易造成后备兔不发病的错觉,特别是规模较小的养殖户,在管理上最容易忽视对后备兔的疫病,特别是兔瘟、巴氏杆菌病以及螨虫等的防治工作。为提高后备兔的育成率,除严格执行兔的免疫程序和预防投药外,还要做好日常的消毒工作和冬、夏季的防寒保暖工作,使后备兔安全进入繁殖期。

(3)适时配种 后备兔生长发育到一定月龄和体重,便会有性行为和性功能,称为性成熟,达到性成熟的后备兔就具有了繁殖后代的能力,进行配种就能产生后代。后备兔达到性成熟的月龄和体重随品种、营养水平、气候条件等而有所不同。与其他畜禽一样,兔的性成熟要早于体成熟,一般在体成熟的50%左右就能达到性成熟,身体的各组织器官包括生殖器官在内都还处在进一步的生长发育中,各种功能还需要进一步完善。过早配种利用,不仅影响第一胎的繁殖成绩,还将影响生长发育,降低成年体重和终生的繁殖力。反之,后备兔配种过晚,体内会沉积大量脂肪,身躯肥胖,体内及生殖器官周围蓄积脂肪过多,会造成内分泌失调等一系列繁殖障碍。一般而言,当兔的体重达到成年体重的75%时进行配种则可获得较为理想的第一胎仔兔。但是,仅凭体重来确定初配时间也是不正确的,同时要综合考虑兔的月龄,一般小型品种4.5~5月龄、体重2.0千克以上,中型品种5~6月龄、体重2.5~3千克以上,大型品种6~7月龄、体重3.5~4千克以上即可配种。若进行种兔生产,还应适当延后。为使初配月龄和初配体重相符合,进行后备兔的体重控制非常必要,除了采取前促后控的饲养措施外,最好每个月称重1次,对达不到体重标准的兔加大喂料量,而对体重超标太多的则降低喂料量。通过体重控制,能有效提高后备群的均匀度,也有利于集中进行初配。

总之,后备兔培育得好坏,不仅影响头胎的产仔数和初生重,还会影响其终生的繁殖成绩,从而影响养兔生产效益。选留优秀的后备兔并辅以科学的饲养管理,是提高和挖掘兔场生产潜力的前提,也是兔场高效生产、持久稳定的基础保障之一。

(五)商品獭兔的饲养管理

商品獭兔是指从断奶至屠宰的獭兔,獭兔的屠宰一般选择在第一次换毛结束之后、第二次换毛之前,5~6月龄。即商品獭兔经历了獭兔生理年龄的幼兔阶段和青年兔阶段。

1. 商品獭兔的生理特点

(1)断奶至 90 日龄 ①抗病力差。幼兔断奶后饲养环境发生了变化,同时又处于第一次年龄性换毛阶段,所以抗病力较差。②断奶幼兔新陈代谢旺盛,生长发育速度最快;同时,性腺发育迅速,3～3.5 月龄达性成熟。③消化功能不健全。幼兔胃肠消化力弱,胃肠容量小,消化酶分泌不足。但由于生长快,对营养的需求量大,故食欲旺盛,易贪食。④神经调节功能尚未健全,特别胆小怕惊,对环境的适应性差。受到惊吓时容易惊群,全舍幼兔狂奔乱撞,轻者影响采食和生长,严重时诱发疾病,甚至被吓死。⑤应激因素多,从仔兔到幼兔,环境发生较多的变化,例如脱离母兔看护、饲料由液态变为固态、笼舍改变、群体成员改变等。

(2)90 日龄至屠宰 由于年龄的增长,青年兔各项功能都得到充分的发展,身体功能几乎与壮年獭兔相当。适应能力、消化能力、体温调节能力都日趋完善。同时,青年獭兔采食量大,生长发育快,是獭兔一生中比较容易饲养的阶段。

但是在实际生产中应当充分考虑獭兔特殊的商品用途,不仅要求獭兔达到体重标准、皮张面积标准,还应当兼顾皮板成熟度和被毛品质。因此,应当将商品獭兔的生理特点与商品生产的需要相结合,灵活制定饲养管理方案。

2. 商品獭兔的饲养管理

(1)抓断奶体重 肥育速度的快慢与早期增重速度呈现较强的正相关。养殖经验表明,断奶体重大的仔兔,肥育期的增重就快,容易抵抗断奶应激。反之,则抵抗力差,成活率低,增重速度慢。因此,仔兔断奶体重应达到 500 克以上。生产中可以通过提高母兔泌乳力、抓好仔兔的补料、调整仔兔体重和母兔的哺育仔兔数来实现这一目的。

(2)过好断奶关 仔兔断奶进入幼兔阶段受到极强的应激影

响,此期如果措施不当,在断奶 2 周左右就会出现大批发病、死亡,并导致增重缓慢,甚至停止生长或减重。为了保证顺利渡过断奶关,最好保持小兔原窝饲养,即采取移母留仔法。肥育应进行小群笼养,不可 1 兔 1 笼,或进行不同窝别、年龄的混群。做好饲料的过渡,断奶后 1～2 周仍饲喂断奶前的饲料,以后逐渐过渡到肥育料。

(3)前促后控 獭兔的肥育不同于肉兔的肥育,不仅要求达到体重、皮张面积的要求,还应当遵循獭兔的脱毛规律,采取措施提高被毛的密度和皮张的成熟度。因此,獭兔的肥育应采取前促后控的饲喂技术。"前促"即断奶到 3 月龄或 3.5 月龄,保证营养水平,采取自由采食,充分利用早期生长速度快这一特点,挖掘其生长潜力,多吃快长。"后控"即 3～3.5 月龄至 5～6 月龄,适当控制獭兔日粮营养水平,可通过控质法和控量法实现。控质法是指控制饲料的质量,调低饲料的营养水平,如能量降低 10％,蛋白质降低 15～1.5％,自由采食;控量法是控制饲料的喂量,每天投喂相当于自由采食的 80％～90％饲料,而饲养标准与前期相同。采取前促后控的肥育技术,不仅可以节省饲料,降低饲养成本,而且使肥育兔皮张质量好,皮下不会有多余的脂肪和结缔组织。

(4)公兔去势 由于獭兔的饲养期比较长,一般在 5 月龄左右,而獭兔的性成熟在 3～4 月龄。不进行去势的话就会在饲养后期出现频繁的性活动,从而影响采食、生长,破坏皮张品质,因此可以采取去势的方法。一般在 2.5～3 月龄进行。

(5)适时出栏 出栏时间根据季节、体重和兔群表现而定。在正常情况下,5 月龄体、重达到 2.5～3 千克即可出栏。冬季气温低,耗能高,不必延长肥育期,只要达到出栏最低体重即可。

3. 提高獭兔皮张质量的措施 影响獭兔皮张质量的因素很多,主要包括:品种、营养与饲料、环境控制、疾病防治、宰杀与剥皮等。

(1)饲养优良品种和杂交兔　商品獭兔的生产目前有三条途径:一是优良纯系直接肥育。即选育优良的兔群,繁殖出大量的后代,生产高质量的皮张。二是系间杂交。目前,我国饲养的獭兔主要有美系、德系和法系,据测定美系獭兔的繁殖力最高,德系獭兔最低,法系獭兔居中。但从生长速度来看,德系獭兔的生长潜力最大。以美系獭兔为母本,以德系或法系为父本,进行经济杂交;或以美系獭兔为母本,先以法系獭兔为第一父本进行杂交,杂交一代的母兔,再与第二父本——德系獭兔进行杂交,三元杂交后代直接育肥。根据笔者掌握的资料,这两种方案效果均优于纯繁。三是饲养配套系。目前我国在獭兔方面还没有成功的配套系,一些科研单位和大专院校正在着手培育配套系。如果配套系培育成功,其效益会成倍增加。

(2)营养与饲料　能量和蛋白质是影响毛皮动物生长发育和被毛品质的重要因素。研究表明,当日粮中消化能 10.88 兆焦/千克、粗蛋白质 18.5%、粗纤维 12%时,獭兔生长速度较快而且毛皮质量良好。蛋白质特别是含硫氨基酸对被毛品质有显著影响。研究证实,含硫氨基酸缺乏会导致毛质退化,绒毛空疏,毛纤维强度下降及针毛明显增加。

维生素和微量元素同样会影响獭兔被毛品质,如胆碱不足会出现毛皮粗糙、稀疏。铜不足会导致被毛褪色,毛纤维异常,毛的张力和弹性减弱。

(3)环境控制　影响毛皮质量的环境因素主要是光照和温度。研究证明,长时间的强光照射,会导致被毛逐渐变得粗糙而无光泽。而短光照、弱光照,能使被毛细洁而有光泽。所以,就提高皮毛质量而言应当采用弱光照射。

獭兔的毛皮生长很大程度上受到温度的影响,当温度过高时,出于散热的需要,獭兔被毛生长速度减缓、密度降低。反之,出于保温的需要,被毛生长速度较快、密度增加。但是,同时也会带来饲料报酬的降低,因此獭兔舍内的温度最好保持在 15℃～25℃为宜。

除此之外,还应保持兔舍内适宜的湿度,以免过于潮湿导致皮肤疾病,或过于干燥导致被毛变脆、折断,空气相对湿度应当控制在 55%～65%。同时,日常饲养中还应注意对獭兔活动场所的清理与控制,如笼底板应平齐、漏粪尿性能要好、避免污染皮毛等。

(4)合理使用添加剂 有些添加剂对提升獭兔毛皮质量具有显著的作用。有报道表明,毛皮动物饲料中添加腐殖酸钠,能够促使毛皮动物提前换毛,绒毛密厚平整,光泽发亮,皮张等级提高,次品率降低;甘草浸膏合剂,报道证实,给 2～5 岁的绒用公羊应用,每日每羊 25 克,喂 15 天停 10 天,重复 3 次,能够使每只羊多产绒 50.25 克;褪黑素,研究表明,颈部皮下埋植褪黑素制剂,能够使牦牛绒毛长度、产绒率均获得提高。

(5)疾病防治 獭兔肥育期的疾病主要是球虫病、腹泻和肠炎、呼吸道疾病及兔瘟。①球虫病是肥育期的主要疾病,全年均可发生,尤以 6～8 月份为甚。要采取药物预防、加强饲养管理和搞好卫生工作相结合。②预防肠炎和腹泻主要是通过饲料的合理搭配、粗纤维的含量、搞好饮食卫生和环境卫生。③预防呼吸道疾病一方面要搞好兔舍的卫生和通风换气,加强饲养管理;另一方面在疾病的多发季节适时进行药物预防,并定期注射疫苗。④兔瘟只有注射疫苗才可以控制,小兔在 35～40 日龄每只皮下注射免疫灭活菌 1 毫升,60 日龄加强免疫 1 次。

(6)獭兔的屠宰取皮 确定獭兔的屠宰时间,应当考虑獭兔被毛的脱换规律,及不同生理阶段獭兔在屠宰时的需求特点。对于青年兔而言,应当在 3 次换毛完毕后,即 5 月龄以上、体重 2.5 千克左右宰杀取皮最为合适。对于淘汰种兔,最好等到皮毛质量最佳的冬季屠宰。

獭兔的正常换毛顺序大都从背中线开始,逐渐向两侧及腹下延伸,直到换毛部位接近腹中线,换毛就完成了。獭兔被毛的脱换不能仅仅依据年龄和体重,还应当在屠宰之前检查獭兔被毛脱换情况,即"活体验毛技术"。检查时,逆方向轻捋兔毛,如果是正在换毛的地方,就会看到一条由旧毛和新毛相交界的、高低不平的边缘,那么就说明这只獭兔的毛还没有换完,此时取皮就会形成"龟盖皮",中间丰厚而四周稀薄。

獭兔的处死可采用颈部移位法、棒击法、电麻法、灌醋法、注空气法。处死的獭兔应立即剥皮。剥皮时,先将左后肢用绳索吊起、倒挂,用刀从右后腿跗关节处,沿大腿内侧通过肛门平行挑开至左腿跗关节,挑断腿皮,剥到尾根处,断开尾皮,将四周毛皮向外剥开翻转,以倒扒筒法,将皮脱下至两条前肢,在跗关节处割下前肢,将皮拉至头部,剪除眼睛和嘴唇周围的结缔组织,然后与头部分离,将整张皮取下。

(7)兔皮的处理 刚从兔体上剥下的生皮叫鲜皮,取下后应及时清理,去除皮板上残留的油脂、残肉、血迹和结缔组织等。清理干净后,做防腐处理,以便保存。常用的防腐方法有干燥法和腌渍法2种,两者都是以抑制细菌生长为目的。干燥法是通过风干降低皮内水分,盐腌法是通过盐腌吸出皮内水分。采用干燥法加工成本低,缺点是皮板易干裂、易受虫害。盐腌法的用盐量为鲜皮重的30%～40%,将盐均匀撒在板面,要腌透,抹到边,然后折叠翻1次,2～3天后再取出晾晒(不能曝晒)。盐腌法的好处是保管时间长,不生虫,但要密封,否则阴雨天回潮需要重晒。

獭兔皮易吸潮、易腐、易变质。晾干后分级检验皮张,应放在通风、干燥、隔热、防潮的地方。保管不当,一旦回潮、发热、发霉,皮板就会出现白色或绿褐色的醭,局部变色,以致发紫发黑,板质损坏。

皮张最好保存在10℃左右,最高不超过30℃,空气相对湿度控制在50%～60%。分级堆垛,淡干板与盐干板分开,垛与垛之间保持一定距离，以利通风、散热和防潮。皮板上要撒上精萘粉、二氯化苯等防虫剂，搞好灭鼠工作，十天半月检查 1 次，发现问题及时解决。

三、不同季节的獭兔管理要点

（一）春季獭兔的管理要点

1. 注意气温变化 总体来说，春季的气温是逐渐升高的，但变化无常。在华北以北地区，尤其是在 3 月份，倒春寒相当多见，寒流、小雪、小雨不时袭来，很容易诱发獭兔患感冒、巴氏杆菌病、肺炎、肠炎等疾病。特别是刚刚断奶的仔兔，抗病力较差，容易发病死亡，应精心管理。

2. 抓好春繁 常言说：一年之计在于春。对于獭兔的繁殖来说，也是如此。大量的实验和实践证明，獭兔在春季的繁殖能力最强，公兔精液品质好，性欲旺盛，母兔的发情明显，发情周期缩短，排卵数多，受胎率高。应利用这一有利时机争取早配多繁。但是，在多数农村家庭兔场，特别是较寒冷地区，由于冬季没有加温条件，往往停止冬繁，公兔较长时间没有配种，造成在附睾里贮存的精子活力低，畸形率高，最初配种的几胎受胎率较低。为此，应采取复配或双重配（商品兔生产时采用），并及时摸胎，以减少空怀。

3. 保障饲料供应 早春常青黄不接，对于没有使用全价配合饲料喂兔的多数农村家庭兔场而言，适量的青绿饲料补充是提高种兔繁殖力的重要措施。应利用冬季贮存的萝卜、白菜或生麦芽等，提供维生素营养；春季又是獭兔的换毛季节，此期冬毛脱落，夏毛长出，要消耗较多的营养，对处于繁殖期的种兔，加重了营养负担。兔毛是高蛋白物质，需要含硫氨基酸较多，为了加速兔毛的脱换,在饲料中应补充蛋氨酸,使含硫氨基酸达到 0.6％以上;根据多年的经验,春季獭兔发生饲料中毒事件较多,尤其是发霉饲料中毒,给生产造成较大的损失。其原因是冬季贮存的甘薯秧、花生秧、青干草等在户外露天存放,冬季的雨雪使之受潮发霉,在粉碎加工过程中如果不注意挑选,将发霉变质的草饲喂獭兔,就会发生急性或慢性中毒。此外,冬贮的白菜、萝卜等受冻或受热,发生霉坏或腐烂,也容易造成獭兔中毒;冬季向春季过渡期,饲料类型也发生变化,特别是农村家庭兔场,为了降低饲料成本,应尽量多饲喂野草、野菜等。由于野草幼嫩多汁,适口性好,獭兔喜食,如果不严格控制喂量,兔子的胃肠不能及时适应,会出现腹泻现象,严重时造成死亡;一些有毒的草返青较早,要防止獭兔误食;一些青菜,如菠菜、牛皮菜等,含有草酸盐较多,影响钙磷代谢,对于繁殖母兔及生长兔应严格控制喂量。

4. 预防疾病 春季万物复苏,各种病原微生物活动猖獗,是獭兔多种传染病的多发季节,防疫工作应放在首要的位置。第一,要注射有关疫苗,特别是兔瘟疫苗必须及时注射;第二,有针对性地预防投药,预防巴氏杆菌病、大肠杆菌病、感冒、口炎等;第三,加强消毒,起码进行 1～2 次火焰消毒,以焚烧那些脱落的被毛。

5. 做好防暑准备 在华北地区,春季似乎特别短,4～5 月气温刚正常,高温季节马上来临。由于獭兔惧怕炎热,而农村的家庭兔场的兔舍比较简陋,隔热性能不佳,给防暑工作带来一定的难度。在春季利用覆盖塑料膜提高地温,在兔舍前面栽种藤蔓植物,如丝瓜、吊瓜、苦瓜、眉豆、葡萄、爬山虎等,使之在高温期遮挡兔舍,减少日光的直接照射。

(二)夏季獭兔的管理要点

1. 饲养密度 降低饲养密度是减少热应激的有效措施。每平方米底板面积商品兔的饲养密度由 16～18 只降低到 12～14

只,泌乳母兔和仔兔分开饲养,定时哺乳,既利于防暑,又利于母兔的体质恢复和仔兔补料,还有助于预防仔兔球虫病。

2. 合理喂料 一是喂料时间做适当调整,采取"早餐早,午餐少,晚餐饱,夜加草",把一天饲料量的80%安排在早晨和晚上。由于中午和下午气温高,獭兔没有食欲,应让其好好休息,即便喂料,它们也多不采食。二是饲料种类做适当调整,增加粗蛋白质含量,减少能量比例,尽量多喂青绿饲料。在阴雨天,为了预防腹泻,可在饲料中添加1%~3%的木炭粉。三是喂料方法相应变更。如果喂湿拌粉料,加入水量应严格控制,少喂勤添,一餐的饲料分为2次添加,防止饲料发霉变质。

3. 满足饮水 在夏季兔子对水的需求更多,约为冬季的2倍以上。除了满足饮水,即自由饮水以外,为了提高防暑效果,还可在水中加入1%~1.5%的食盐;为了预防消化道疾病,可在饮水中添加一定的抗菌药物(如环丙沙星等);为了预防球虫病,可以让母兔和仔、幼兔饮用0.01%~0.02%的稀碘液。

4. 搞好卫生 夏季獭兔的消化疾病较多发,主要原因在于饲料、饮水和环境卫生没有跟上。特别要注意消灭苍蝇、蚊子和老鼠;笼底板应保持干净,如果发现个别兔子发生了肠炎,污染了底板,应及时清理和消毒;兔舍窗户应安装窗纱,涂长效灭蚊蝇药物;加强对饲料库房的管理,防止老鼠污染料库;定期对饮水消毒也是必要的。

5. 预防球虫病 幼兔度夏难,其中主要原因是球虫病最易暴发,应采取综合措施预防该病。比如,哺乳期采取母仔分离,减少感染机会;断奶后及时投喂药物,如敌菌净、球虫宁、球净(河北农业大学山区研究所研制)等;搞好环境卫生,对粪便实行集中发酵处理。

6. 控制繁殖 炎热季节进行獭兔繁殖,对于种公、母兔都不利。炎热季节会导致种公兔睾丸体积缩小,精液品质下降,即种公兔的夏季不育,如强行让其繁殖则受胎率也会降低。因此,种公兔夏季繁殖达不到预期效果,还会导致体力损耗大,不利于秋季配种。夏季种母兔受胎后,由于代谢负担加重,热应激更大,往往导致采食量大幅度下降,机体动员脂肪供能出现妊娠母兔毒血症。因此,在高温季节如果没有良好的控温机制,最好不要安排獭兔繁殖。

7. 种公兔的特殊保护 公兔睾丸对高温十分敏感,高温使公兔暂时失去生精功能,即所谓"夏季不育"的现象。如果夏季对公兔的保护工作没有做好,秋季的繁殖计划就很难完成。除了一般防暑降温措施以外,对优秀种公兔可采取特殊措施。有条件的大型兔场,可将公兔饲养在"环境控制舍"内,即单独划拨一个饲养间,安装空调,使其舒舒服服度过夏季,以保证秋配满怀。没有条件的兔场,可建造地下室或利用山洞、地下窖、防空洞等避暑。

(三)秋季獭兔的管理要点

秋季天高气爽、气候适宜,饲料饲草资源丰富,是獭兔适宜的繁殖时期,但秋季也是獭兔的一个换毛季节,獭兔体质较差,食欲减退。秋季饲养管理的重点在于加强营养,保证繁殖。

1. 调整繁殖群 每年初秋对种兔群进行一次全面调整,及时将 3 岁以上老龄兔、繁殖性能差、病残兔等无价值的兔淘汰,选留优秀后备兔补充种兔群。

2. 加强营养做好秋繁 在进入秋季前 15～20 天调整日粮结构。加强营养,重点补充品质优良的蛋白质和富含维生素的青绿饲料。为提高公兔性欲、促进母兔发情,可每天补喂 1 粒维生素 E 胶囊,连喂 7～15 天,公兔还可每天补喂 1/5～1/3 个鸡蛋。

3. 预防疾病 秋季是疾病多发季节,应重点做好对兔瘟、巴氏杆菌、波氏杆菌、魏氏梭菌等病的防疫,同时继续加强对球虫病的预防。

（四）冬季獭兔的管理要点

冬季气温低、日照时间短，青绿饲料缺乏，冬季病原微生物增殖缓慢，对獭兔威胁较小。环境控制适宜、青绿饲料供应充足的条件下，冬季仍不失为獭兔繁殖的良好季节。因此，冬季獭兔饲养的主要工作就是在做好保温防寒的同时，加强饲养管理，适当冬繁。

1. 防寒保暖　入冬前做好兔舍的维护，堵塞墙洞，封严主风向窗户，有条件的还可以挂窗帘。舍内重点解决通风换气与保温的矛盾。适当增加饲养密度，注意保证兔舍干燥。

2. 冬繁冬配　针对冬季对獭兔繁育不利的条件，保证温度和补充维生素饲料，就能够使獭兔在冬季有良好的繁殖性能。实践证明，在良好的饲养管理条件下，室内兔舍温度达到 10℃ 以上即可正常冬繁。保证温度的同时还应注意维生素饲料的补充，可以饲喂谷物类作物种子发的芽、胡萝卜等青绿饲料，也可按标准的 2 倍补加维生素添加剂。为了促进獭兔的繁殖性能，冬季可人工补充光照，使兔舍的光照时间达到每天 14～16 小时。

第六章
獭兔常见病防控技术

一、疫病防控理念

  防疫理念主要是指养殖场管理人员、技术人员、从事生产的广大员工对动物防疫工作重要性的认识和对防疫工作全面性的了解，理念是行动的先导，正确的防疫理念能够引导大家走上合理有效的防疫道路，实施正确防疫措施。伴随着规模化养殖场的不断发展，包括养殖场管理人员、技术人员、从事生产的广大员工都要树立"环境、饲养、管理都是防疫"的正确防疫理念，每个养兔场都要建立生物安全体系，从各个方面着手采取疫病综合防范措施，以阻断致病病原危害獭兔群体，保障獭兔的健康与安全。需要强调的是，千万不要存在侥幸心理，行动上敷衍了事，对防疫工作重视不够，抱着不在乎的态度。因此，树立正确防疫理念，是关乎一个兔场健康、安全、高效生产运营的关键所在。

  獭兔属于草食弱小动物，对疾病的抵抗力和耐受能力较差，一旦得病，就较难治疗，即使能够治愈，也会对獭兔的生长发育和生产性能产生不良影响，因此，为使獭兔免遭疾病侵害，防控疾病极其重要。尤其对于当今獭兔养殖业逐渐趋向于规模化、标准化、集约化而言，加强防疫势在必行，否则一旦少量獭兔发生易传染的疾病,就会迅速波及全群,后果不堪设想。

但目前一些兔场经营管理者和养殖户,对兔病防治的辩证关系没有搞清楚,把大部分精力都放在了兔病的治疗上,却忽视了预防工作的重要性,违背了防疫原则,一旦兔子发病,就会四处求医问药,不惜资金购药治疗,束手无策之时,还会死马当活马医,结果可能兔病没治好,还造成更大隐患,不仅浪费时间和精力,还劳民伤财,造成巨大的经济损失。这就是本末倒置的结果。

根据"防重于治"的基本要求,我们提倡规模化兔场对于传染性疾病的基本原则,"防病不见病,见病不治病"。这就要求我们平时做好兔病的正确预防工作,保持獭兔健康,维持兔群稳定,尽可能使兔子不患病,最起码得保证兔群不会发生大面积的烈性传染病。獭兔疾病防疫,应做到"三早",即早发现、早诊断、早治疗。患病较轻的个体,及时治疗,效果较好;较严重者,要做到"三不治",即病情严重的不治、治愈后利用价值不大的不治、治疗过程中花钱多的不治。

正确防疫理念落实到具体行动上可以从以下几方面考虑。

(一)正确选址

兔场的选址经常被人们所忽视,认为其无关紧要,殊不知选址的正确与否关乎一个兔场的存亡。不按规定选址,或超出养殖场生产承受能力,疾病的发生率就会增加;选址正确,按计划生产,符合防疫要求,疾病的发生率会大大降低。因此,兔场正确选址,是确保兔群健康、减少疫病发生的重要因素。兔场禁止建于禁养区和限养区,距居民区、主要交通要道 1 000 米以上,距其他养殖场、化工厂和加工厂等污染源 1 500 米以上,有条件的地方最好进偏远山区等宜养区,以便于隔离。

（二）合理布局

合理布局主要是指单一养殖场的建筑布局，符合消毒隔离和防疫要求，有利于兔场防疫工作的顺利进行。场内应分设净道和污道，净道是专门运输饲料、产品的通道；污道是专门运送兔粪、病死兔、淘汰兔及垃圾的通道，且互不交叉。生产区、生活区和办公区应严格分开，交界处有淋浴、消毒设施。生产区应处于生活区和办公区的下风向。此外，还应该严格控制饲养密度，在保证兔群健康生产的前提下，适度扩大单位饲养场饲养密度。

（三）绿化工程

场区绿化，可以提高环境质量，促进动物健康，但目前许多养殖者却忽视了场区绿化，应引起注意。房舍之间的空地可建成绿化带，起隔离屏障之作用；在围墙内外、兔舍旁可以种植落叶树木，夏季可防暑降温，冬季落叶也不影响采光。特别要注意树种的选择，杨树、柳树开花时会形成绒毛，对净化环境和防疫不利；场区其余闲置不用的地方可种植具有吸收废气、臭气、粉尘作用的冬麦及茶花等树木，不仅美化环境，还可净化空气，阻断病原微生物传播，遏制疾病。总之，绿化工程是养兔场重要的一部分，统一规划和布局绿地建设，对于美化环境和疾病防疫意义重大，不容小觑。

（四）环境条件

环境可分为生产大环境和生产小环境。生产大环境是指一个地区、一个区域的外在环境，若周围环境卫生情况差、空气污染严重、污染源较多，显然对防疫极不利，使獭兔易得病；生产小环境是指一个养殖场的内部环境，可想而知，獭兔在一个空气质量差、通风不畅、温湿度达不到其正常生长发育和生产需求的内部环境中饲养,疾病的防治就成空谈了。

（五）饲养管理

饲养管理与獭兔的疾病密切相关。獭兔比较娇气,胆小怕惊,喜爱清洁干燥,要求兔舍卫生,饲用器具清洁消毒,保持环境安静,防暑防寒。饲料营养应满足獭兔生产需要,饲料质量过关,饲喂合理。因此,科学合理的日常管理和良好的饲料营养也是兔场防疫的关键。

（六）疫苗接种和药物预防

防疫主要是指疫苗接种和药物预防,它们是疾病防疫的根本,是防疫工作中最重要的环节。在未发病之前给健康獭兔接种疫苗,增强獭兔的抵抗力,是防控疫病的有效措施。使用药物饲料添加剂或药物饮水等方式做合群预防也有较好的效果。每年要根据季节及疫病的流行状况进行防疫,尤其要重视急性、烈性传染病,对兔瘟、魏氏梭菌病、巴氏杆菌病等重大疫病要按免疫程序定期注射疫苗,对球虫病和其他一些寄生虫病也要定期进行药物预防。

二、疾病的预防措施

獭兔疾病的产生与传播主要有病原、易感动物和传播途径三个环节,任何环节没有严控,兔病尤其是一些急性、烈性传染病等常给养殖户和养殖场造成不可估量的损失。只有坚持"预防为主,防重于治"的基本原则,结合实际情况,采取综合防疫措施,才能有效控制疾病发生。

（一）科学的饲养管理

1. 创造良好环境 创造良好的饲养环境是养好獭兔的关键环节。要根据獭兔的生物学特性，提供优质的生活环境。比如，在兔场建筑设计和布局方面应科学合理，宜选择地势、水质、土壤较好的地方，周围没有污染源；兔舍要保持清洁干燥、通风良好、温度适宜、采光良好，日常管理中应注意冬季防寒，夏季防暑，雨季防潮，还应避免噪音、其他动物闯入和无关人员进入兔场。

2. 科学搭配饲料，合理饲喂 獭兔是草食动物，应以青粗饲料为主，精饲料为辅。根据獭兔的生理特性，参照适宜的饲养标准，因兔制宜，因地制宜，设计经济实用的饲料配方，禁止饲喂发霉变质、有毒有害的饲料。制定合理的饲喂制度和科学的饲喂方法。

3. 搞好卫生消毒工作 搞好兔舍的清洁卫生工作，经常打扫笼舍、清除粪便，定期对环境和各种用具进行消毒，勤换垫草，保持笼舍、料槽、水槽、饲料、用具、兔体清洁，严防猫、犬、鼠、蛇等兽害的危害。

4. 饲养健康兔群 无论是从外地引种还是自己培育种兔，基础群的健康状况都至关重要。引种前必须对提供种兔的兔场进行调查，对引入种兔严格隔离检疫，确认安全后方可入群饲养。兔场具备一定条件和实力后，可自繁自养，选择父母抗病力强、生产性能良好的后代自繁自养；强化免疫接种，严防任何传染病和寄生虫病的侵入。

5. 制定合理的饲养管理程序 饲养管理人员应密切观察獭兔的生活习性，摸清作息规律，以兔为本，制定合理的饲养管理程序，使饲养管理工作规范化、程序化、制度化。

（二）严格执行消毒制度

消毒的目的在于消灭散布在外界环境中的病原微生物和寄

生虫,严格执行消毒制度,可有效预防疾病的发生和流行。

1. 门口车辆消毒 兔场入口处应设有消毒池,对进出车辆进行消毒。常用的消毒药物有 1%～3% 火碱溶液,10%～20% 石灰乳,5% 来苏水等;消毒池的长度等于汽车轮胎周长的 2.5 倍,池深度大于 15 厘米或汽车轮胎厚度的一半。这种消毒方法受外界环境影响较大,消毒效果差,经济上也不划算。因而,目前大型养殖场多用车辆消毒通道或高压消毒枪。

2. 入口人员物品消毒 养殖场区要设置入口消毒通道,人员经过更衣(必须配有帽子和胶鞋)、洗手消毒和脚踏消毒后方可进入。一些养兔场的更衣室安装紫外线灯消毒,但长时间和近距离照射对人体不利。因此,建议紫外线灯只用于物品消毒使用。

3. 兔舍消毒 兔舍、兔笼及用具按先消毒后打扫、冲刷,再消毒、再冲刷的原则,定期进行消毒。兔舍、兔笼清扫后,将粪便堆积到粪场生物热发酵。兔舍地面用自来水冲洗干净,干燥后用 10% 石灰水或 30% 草木灰水洒在地面上;兔笼的底板可浸泡在 5% 来苏儿溶液中消毒;兔笼可选用 0.05% 百毒杀或 0.3%～0.5% 过氧乙酸等喷雾消毒;饲槽等用具可先在消毒池(5% 来苏儿,0.1% 新洁尔灭)浸泡 2 小时后用自来水刷洗干净。

4. 场区消毒 平时注意环境卫生,保持清洁,防止污物、污水污染,定期清扫。露天兔场(水泥)地面消毒,可用 10%～20% 的石灰乳或 10%～20% 漂白粉溶液喷洒地面,待干燥后,再用自来水冲洗干净。根据疫病发生情况,进行场区消毒。无疫情时,场区清毒 1 年 4 次即可。

5. 其他物品的消毒 工作服、毛巾和手套等经 1%～2% 来苏儿洗涤后,高压或煮沸消毒 20～30 分钟;注射器械先清洗干净,再用煮沸或高压蒸汽消毒;饲料库用 4% 甲醛熏蒸的方法消毒。

（三）按免疫程序进行预防接种

针对獭兔不同的传染病疫苗的特性和幼兔母源抗体的状况，制定合理的初次免疫日龄、免疫间隔时间，称为免疫程序。有目的、有计划地按免疫程序接种，是预防、控制和扑灭獭兔传染病的综合措施之一。实际生产中，养殖场不预防接种的情况较少见，但一些家庭养殖户，往往不重视预防接种，有的即使进行了预防接种，但由于对疫苗的认识不够、没有掌握好免疫时间以及接种方法不对等，到头来传染病仍会暴发流行。针对暴发急性传染病的疫区或兔群，要及时对未表现出症状的兔只进行紧急免疫接种，对已患病的兔只不可再接种疫苗，应及时隔离治疗或淘汰。需要强调的是，在进行预防接种或紧急免疫接种时，注射部位要严格消毒，每只兔子必须使用一个针头，以防相互感染。表 6-1 列出中小型兔场（基础母兔 500 只以下）的免疫程序，供参考。

表 6-1　中小型兔场（基础母兔 500 只以下）的免疫程序

日　龄	预防疾病	疫苗(药物)种类	使用方法	剂　量	备　注
30～35	呼吸道疾病	巴氏—波氏二联苗	颈部皮下	2毫升	配合通风降湿和微生态制剂应用
35～40	兔　瘟	兔瘟灭活苗	颈部皮下	2毫升	根据母源抗体和断奶时间决定首免时间，最晚不超过45日龄
55～60	兔　瘟	兔瘟灭活苗	颈部皮下	1毫升	加强免疫，首次免疫20天后注射
30～80	球虫病	氯苯胍等药物	拌　料	100～150毫克/千克	提倡中草药剂，交替用药
成　年	兔　瘟	兔瘟灭活苗	颈部皮下	2毫升	每年注射2～3次

（四）有计划地进行药物预防

针对某些细菌性疾病（大肠杆菌、沙门氏菌病、巴氏杆菌病）和寄生虫病（球虫病、疥癣病）目前还没有合适疫苗的情况，可采取将预防药物添加到饲料或饮水中的方式来达到预防疾病的目的。尤其是在某些疫病流行季节到来之前或流行初期，采用此方法对全群进行预防和治疗，可在较短的时间内发挥作用，效果良好。兔群驱虫时，重点预防的对象是球虫病和疥癣病。在未发生疥癣病的兔场，可每年定期驱虫 1～2 次，对已发生疥癣病的兔场，应每季度驱虫 1 次；预防獭兔球虫病，最有效、最可行的预防措施是定期驱虫，一般在春、秋两季对兔群普遍进行 1 次驱虫；对于獭兔的线虫、绦虫、绦蚴及吸虫的驱除，可定期内服丙硫苯咪唑或吡喹酮与左旋咪唑复合剂等；对獭兔的螨病，要经常检查，一旦发现立即用阿维菌素皮下注射或用其粉剂内服治疗。药物预防时应注意药物的选择和用药程序。要有针对性地选择药物，最好做药敏试验。当使用某些药物效果不理想或存在安全隐患时，应及时更换药物或采取其他方案。用药的剂量一定要准确无误，切不可大量用药，也不可长期用药或时间过短。对于用药后出现毒副作用的病兔，要及时采取对症治疗措施。另外，驱虫后对所排出的粪便做无害化处理。

（五）合理使用微生态制剂

微生态制剂又称生菌剂、益生素，是指在动物微生态理论指导下，采用已知的有益微生物，经培养、发酵、干燥等特殊工艺制成的用于动物的生物制剂或活菌剂。微生态制剂具有促进有益菌繁殖、抑制有害菌、调节机体代谢、提高机体免疫力、提高机体抗应激能力等多重功效，被认为是替代抗生素的新型饲料添加剂之一。微生态制剂的使用方法主要有三种：其一，均匀混合在饲料中直接制粒,此方法适合大规模预防,但大多数活菌会受到严重破坏,芽孢杆菌除外;其二,可添加在饮水中,此类制剂较常见,且简单实用;其三,直接口服,此方法效果最好,但使用不太方便,适合治疗疾病。在使用微生态制剂时,万不可与抗生素、化学药物配合使用,避免与大蒜素、中草药同时使用。当獭兔发生疾病时,使用越早效果越好,用量越大,效果越显著。

(六)预防中毒

1. 预防农药中毒　獭兔采食了带有敌敌畏、敌百虫等农药的植物或治疗外寄生虫时用药不当,均可引起中毒。预防方法:①防止饲料源被农药污染;②严禁饲喂已喷洒过农药的饲料或青草;③不要让獭兔啃咬治疗体外寄生虫时所用的药物。

2. 预防饲料中毒　饲料中毒对獭兔养殖业危害较大,常见的饲料中毒有发霉饲料中毒、棉籽饼中毒、马铃薯中毒、有毒植物中毒等。预防方法:①严把饲料原料质量关,严禁饲喂发霉变质的饲料;②饲料库要干燥、通风,具备适宜的温度和湿度等;③控制有毒饲料(如棉籽饼类)用量,避免使用有害饲料(如生豆粕),禁止饲喂有毒、不认识或怀疑有毒的植物;④在棉籽饼中加入 10%面粉,掺水煮沸 1 小时,可使棉籽饼脱毒。

3. 预防灭鼠药中毒　防止獭兔误食兔舍内的灭鼠毒饵,饲料库禁止投放灭鼠毒饵。

(七)发生疫情的处理措施

发生疑似传染病时,必须及时隔离病兔,尽快确诊,并将疫情上报相关部门。确诊为传染病时,要迅速采取扑灭措施。按照"早、快、严、小"(早发现、快行动,严格规范操作,要在小群体发生时实行封锁,不让疫情蔓延)的原则进行封锁、消毒、检疫、紧急预防接种,或用抗生素及磺胺类药物进行预防。被污染的场地、兔舍、兔笼、产箱及用具要彻底消毒，死兔、污染物、粪便、垫草及余留饲料应焚烧或深埋，兔群改饮0.1%高锰酸钾水。发生疫情的兔场必须停止出售种兔，谢绝参观。病兔及可疑病兔要坚决淘汰，可以利用的要在兽医监督下加工处理。通知周围兔场采取预防措施，防止疫情扩大蔓延。

三、常见疾病防控技术

獭兔疾病的种类众多，大大小小有100多种，但可喜的是只有不足总数20%的疾病会对獭兔的生产构成严重威胁，可以说，只要将这些疾病控制好了，兔群的健康就基本能得到保证。獭兔疾病可分为三大类，即传染病、寄生虫病和普通病。

（一）主要传染病

兔 瘟

兔瘟是由兔病毒性出血症病毒引起的一种獭兔烈性传染性疾病，以3月龄以上的青年兔和成年兔为主，近年来呈低龄化趋势，一年四季均可发病，是目前对獭兔威胁最为严重的疾病。

【流行特点】 病兔、死兔和隐性感染兔为本病的主要传染源。该病可通过病兔与健康兔的接触而传播；病兔的分泌物、排泄物等污染饲料、饮水、用具、兔毛以及来往人员，也可间接传播该病。该病只发生于兔，以青年兔和成年兔易感。该病的发生没有严格的季节性，北方以冬、春季节多发。该病一旦发生，往往迅速流行，给兔场带来毁灭性的打击。

【临床症状】 一般资料介绍兔瘟有三种类型，但笔者在生产中发现四种，分别是：

最急性型：病兔未出现任何临床症状而突然死亡或仅在死前

数分钟内突然尖叫、挣扎和抽搐,有些患兔鼻孔流出泡沫状血液。该类型多见于流行初期。

急性型:病兔精神萎靡,食欲减退或废绝,饮水增加,呼吸急促,心跳加快,体温升高(41℃～42℃),可视黏膜和鼻端发绀,有的出现腹泻或便秘,粪便粘有胶冻样物,个别排血尿,迅速消瘦。后期出现短时兴奋,如打滚、尖叫、狂奔乱撞、颤抖、倒地抽搐,四肢呈划水姿势,病程1～2天。

慢性型:多发生于流行后期和1.5～2月龄的幼兔,出现轻度的体温升高、精神不振、食欲减退、消瘦及轻度临床症状。有些患兔可耐过而逐渐康复。

沉郁型:患兔精神不振,食欲减退或废绝,趴卧一角,渐进性死亡。死亡后仍趴卧原处,头触地,好似睡觉。其浑身瘫软,用手提起,似皮布袋一样。该种类型多发生于幼兔,母源抗体不足而没有及时免疫的兔、疫苗注射过早而没有及时加强免疫的兔、注射多联苗的兔、注射了效力不足的疫苗的兔和免疫期刚过而没有及时免疫的兔多发。

【病理变化】 本病以全身各器官的出血、淤血、水肿,实质性器官的变性和坏死,呼吸道发生病变为特征。胸腺水肿出血;气管和喉头有点状和弥漫性出血,肺水肿,有出血点、出血斑、充血;肝大、质脆,呈土黄色,有的淤血呈紫红色,土黄色坏死区与正常区域条块状交错成为本病的典型特征;脾大、充血、出血、质脆;肾肿大呈紫红色,常与淡色变性区相杂而呈花斑状,有的见有针尖大的出血点;多数淋巴结肿大,有的可见出血;心外膜有出血点;直肠黏膜充血,肛门松弛,有胶冻样黏液附着。

【诊断方法】 主要通过临床症状和病理解剖。一是发病的主体是青壮年兔,具有较典型的临床症状(四种类型之一或兼而有之);二是任何药物治疗都毫无效果;三是以出血和水肿为特征的全身脏器的病理变化:胸腺肿大,有出血点或出血斑。进一步确诊需要进行病原学检查和血清学试验。

【防治措施】

预防：免疫接种是预防本病最有效的办法。小兔 35～40 日龄皮下注射兔瘟组织灭活苗 2 毫升，60 日龄加强免疫 1 次，接种后 7 天产生坚强免疫力，免疫期 4～6 个月。成年獭兔 1 年注射 3 次，可有效控制本病的发生。

做好日常卫生防疫工作，严禁从疫区引进病兔及被污染的饲料和兔产品，严禁兔皮、兔毛贩子出入兔场，对新引种兔应做好隔离观察至少 2 周后方可入群饲养。

治疗：兔瘟目前没有特效药物，发生兔瘟时可采取以下措施。

第一，对兔群进行兔瘟疫苗紧急预防接种，每只幼兔皮下注射 3 毫升，成年獭兔注射 4 毫升，3 天后逐渐控制疫情，7 天后产生坚强免疫力。

第二，对轻症患兔或种用价值较高的患兔可用抗兔瘟免疫血清治疗，皮下或肌内注射 2～4 毫升。

第三，对患病种兔注射干扰素，以控制病毒的自我复制。待病情控制以后，再重新注射兔瘟疫苗。

兔传染性水疱性口炎

传染性水疱性口炎又叫传染性口炎、水疱性口炎或流涎病，是由兔传染性水疱性口炎病毒感染引起的兔的急性口腔黏膜发炎，形成水疱和溃疡，病原为弹状病毒科的水疱性口炎病毒。发病率和死亡率较高。

【流行特点】　病兔是主要的传染源。消化道为主要感染途径，病兔口腔分泌物、坏死黏膜组织及水疱液内含有大量病毒，健康兔吃了被污染的饲草、饲料及饮水后而感染。饲料粗糙多刺、霉烂、外伤等易诱发本病。本病主要侵害 1～3 月龄的幼仔兔，多发生于冬春季节，但不感染其他畜禽。

【临床症状】 本病潜伏期 5～6 天,病初口腔黏膜呈现潮红肿胀,随后在嘴角、唇、舌、口腔其他部位的黏膜上出现粟粒大至大豆大的水疱,水疱内充满液体,破溃后常继发细菌感染,引起唇、舌及口腔黏膜坏死、溃疡,口腔恶臭,流出大量唾液,嘴、脸、颈、胸及前爪被唾液沾湿,病程较长的被毛脱落,皮肤发炎,采食困难,消瘦,严重的衰竭死亡。

【病理变化】 尸体消瘦,舌、唇及口腔黏膜发红、肿胀,有小水疱和小脓疱、糜烂、溃疡,口腔有大量液体,食道、胃、肠道黏膜有卡他性炎症。

【诊断方法】 根据流行特点、临床症状、特异的口腔病变即可诊断,必要时通过实验室检验诊断。

【防治措施】

预防:平时加强饲养管理,禁止饲喂霉变粗糙干草,多喂青绿、柔软易消化的饲料,防止口腔发生外伤。兔笼、兔舌及用具要定期消毒。

治疗:发现病兔应立即隔离,全场严格消毒。病兔口腔病变可用 2% 硼酸溶液或 0.1% 高锰酸钾溶液或 1% 食盐水等冲洗,然后涂擦或撒布消炎药剂(如碘甘油、黄芩粉、冰硼散),每天 3～4 次,撒药半小时内禁止饮水。也可每兔用病兔灵 1 片,复合维生素 B_1 1 片,研磨加水喂服,每天 2 次,连用数日。饲料或饮水中加入抗生素或磺胺类药物可防止继发感染,如内服磺胺嘧啶或磺胺二甲基嘧啶,每千克体重 0.2～0.5 克,每日 1 次,连用数日;也可用大青叶配合少量橘皮作为饲料喂给;或用双花、野菊花煎水后,拌料喂食,均可进行预防和治疗。

兔巴氏杆菌病

兔巴氏杆菌病是由多杀性巴氏杆菌引起的急性传染性疾病,是危害养兔业的重要疾病之一。根据感染程度、发病缓急及临床症状分为不同的类型,其中以出血性败血症、传染性鼻炎、肺炎等类型最常见。

【流行特点】 病兔的各组织、体液、分泌物和排泄物以及健康獭兔上呼吸道内存在的多杀性巴氏杆菌为本病的主要传染源。一般情况下,健康獭兔不发病,但由于饲养管理不当、卫生差、通风不良、饲草饲料品质不好或被病菌污染、长途运输、密度过大、气候突变以及各种因素引起的獭兔抵抗力下降,均可造成本病流行,也可继发其他疾病。本病一年四季发生,尤以春秋两季多发,2～6月龄兔发病率最高,多呈散发或地方性流行,发病率20%～70%,急性病例死亡率高达40%以上。

【临床症状】 本病潜伏期少则数小时,多则数日或更长,由于感染程度、发病缓急以及主要发病部位不同而表现出不同的症状。

出血性败血症:即最急性和急性型。常无明显症状而突然死亡。鼻炎和肺炎混合发生的败血症最为常见,可表现精神萎靡、食欲减退或废绝,体温升高,鼻腔流出浆液性、黏液性或脓性鼻液,有时腹泻。临死前体温下降,四肢抽搐,病程短则数小时,多则3天。

传染性鼻炎型:鼻腔流出浆液性、黏液性或脓性分泌物,呼吸困难,打喷嚏、咳嗽,鼻液在鼻孔处形成鼻痂,堵塞鼻孔,呼吸困难,出现呼噜声。由于患兔经常以爪挠抓鼻部,可将病菌带入眼内、皮下等,诱发其他病症。病程一般数日至数月不等,治疗不及时多衰竭而亡。

地方性肺炎型:常由传染性鼻炎继发而来。由于獭兔运动量较少,自然患病时很少见到肺炎症状,后期严重时才表现为呼吸严重。患兔食欲不振,体温升高,精神沉郁,有时出现腹泻或关节肿胀,最后多以肺严重出血、坏死或败血症而亡。

中耳炎型又称斜颈病(歪头症):是由病菌扩散到内耳和脑部

的结果。其颈部歪斜的程度不一样,发病的年龄也不一致。成年兔多发,有的为刚断奶的小兔即出现头颈歪斜。严重患兔,向着头倾斜的一方翻滚,直到被物体挡住为止。由于两眼不能直视,患兔饮水采食极度困难,逐渐消瘦,病程长短不一,最终因衰竭而死亡。

结膜炎型:临床表现为流泪,结膜充血、红肿,眼内有分泌物,常将眼睑粘住。

脓肿、子宫炎及睾丸炎型:全身各处均可发生脓肿。皮下脓肿开始,皮肤红肿、硬结,后来变为波动的脓肿。子宫发炎时,母体阴道有脓性分泌物。公兔睾丸炎可表现一侧或两侧睾丸肿大,有时触摸感到发热。

【病理变化】 因发病类型的不同而异,常以两种以上混发。鼻炎型主要病变在鼻腔,黏膜红肿,有浆液、黏液或脓性分泌物。急性败血症死亡迅速,常无明显症状,有时仅有黏膜及内脏的出血,如肺出血、肝脏出现坏死点等;并发肺炎时,除鼻炎病变外,喉头、气管及肺脏充血和出血,消化道及其他器官也出血,胸腔和腹腔有积液。如并发肺炎,可引起肺炎和胸膜炎,心包、胸腔积液,有纤维素性渗出及粘连,肺脏出血、脓肿。肺炎型主要出现肺部与胸部病变。中耳炎型剖检时可见一侧或两侧鼓室内有一种奶油状的白色渗出物,有时呈黄色。有的鼓膜破裂,外耳道流出脓性渗出物。若感染到脑部,可见化脓性脑膜脑炎。

【诊断方法】 根据散发或地方性流行特点、临床症状及病理变化做出初步诊断,必要时可进行细菌学检查确诊。生产中常用煌绿滴鼻检查法判断是否为巴氏杆菌携带者。用 0.25%～0.5% 煌绿水溶液滴鼻,每个鼻孔 2～3 滴,18～24 小时后检查。如鼻孔可见到化脓性分泌物则为阳性,证明该兔为巴氏杆菌病患兔或巴氏杆菌携带者;如检查鼻孔干净,无分泌物排出,表明为巴氏杆菌阴性。

【防治措施】

预防：①建立无多杀性巴氏杆菌的种兔是预防本病的最好方法；②预防为主，兔场应自繁自养，必须引种时要做好隔离观察与消毒；③加强日常管理和消毒，降低饲养密度，保持兔舍卫生、通风和干燥；④定期进行巴氏杆菌灭活苗接种，每兔皮下注射或肌内注射 1～2 毫升，注射后 7 天左右开始产生免疫力，一般免疫期 4 个月左右，成年兔每年可接种 3 次；⑤由于鼻炎型和肺炎型病例多由巴氏杆菌和波氏杆菌等混合感染，因此，建议使用巴氏杆菌-波氏杆菌二联苗，效果更好。

治疗：发病兔场应严格消毒，死兔焚烧或深埋，隔离病兔。可选用以下药物进行治疗：磺胺二甲嘧啶，口服，首次用量 0.2 克/千克体重，维持量减半，每天 2 次；肌内注射或静脉注射量 0.07 克/千克体重，每日 2 次，连用 4 天。为提高治疗效果可在用药同时使用等量的碳酸氢钠。

青霉素、链霉素联合注射，每兔用青霉素 10 万～15 万单位、链霉素 10 万～20 万单位，混合后一次肌内注射，每日 2 次，连用 3 天；庆大霉素 4 万～8 万单位，肌内注射，每天 2 次；鼻肛净（河北农业大学山区研究所研制）预防可按饲料量的 0.5% 添加，连用 3～5 天，治疗按饲料量的 1% 添加，连用 3 天，对预防治疗巴氏杆菌引起的鼻炎、肺炎、肠炎有特效（妊娠母兔禁用）。抗巴氏杆菌血清，皮下注射，6 毫升/千克体重，8～10 小时后重复注射 1 次，疗效显著。

魏氏梭菌病

魏氏梭菌病又称魏氏梭菌性肠炎，是由 A 型魏氏梭菌引起的一种急性传染病。魏氏梭菌能产生多种强烈的毒素，獭兔一旦发病，很难治愈，且死亡率高。

【流行特点】 各年龄阶段的獭兔均易感染，尤以 1～3 月龄多发。主要通过消化道感染，长途运输、饲养管理不当、饲料突变、精饲料过多、气候骤变和滥用抗生素等均可引发本病。本病一年四季均可发病，以冬春季节发病率高。

【临床症状】 有的病例不会出现明显症状而突然死亡。大多数病兔出现急性腹泻下痢，呈水样、黄褐色，后期带血、变黑、腥臭。精神沉郁，体温不高，多于12小时至2日死亡。

【病理变化】 一般肛门及后肢粘污稀粪，胃黏膜出血、溃疡，小肠充满液体与气体，肠壁薄、肠系膜淋巴结肿大，盲肠、结肠充血、出血，肠内有黑褐色水样稀粪，腥臭，肝、脾肿大，胆囊充盈，心脏血管怒张呈树枝状。急性死亡的病例胃内积有食物和气体，胃底部黏膜脱落。

诊断方法根据胃溃疡、盲肠条纹状出血、急性水样腹泻等做出初步诊断，通过细菌学检验确诊。

【防治措施】

预防：合理搭配饲料，保证粗纤维的比例不低于12％，更换饲料应逐渐进行；做好环境卫生，加强对粪便的清理消毒，对兔场、兔舍、笼具等经常消毒；定期接种魏氏梭菌氢氧化铝灭活菌苗或甲醛灭活菌苗，每只皮下注射1～2毫升，1周后产生免疫力，免疫期6个月左右；禁止滥用抗生素，用生态素可使獭兔建立健康的肠道微生态系统。

治疗：无有效治疗方案，一旦发生本病，应迅速做好隔离和消毒工作。同时可采取下列紧急措施进行处理：增加饲料中粗饲料的比例，降低蛋白质和能量饲料的比例，控制饲喂量。病兔口服益生素。高免血清治疗：首先皮下注射0.5～1毫升，5～10分钟后，用5毫升血清加5％糖盐水10～15毫升混匀，耳静脉注射。视病情可以每日使用1～2次，通常2天即可停止腹泻。

兔波氏杆菌病

兔波氏杆菌病又称兔支气管败血波氏杆菌病,是由支气管败血波氏杆菌感染引起的呼吸道传染病,并常与巴氏杆菌病、李氏杆菌病并发。

【流行特点】 病兔和带菌兔为本病的主要传染源。保温措施不当、气候骤变、感冒、兔舍通风不良、强烈刺激性气体的刺激等诸多应激因素,使上呼吸道黏膜脆弱,易引发发病。本病多发生于春秋季节。鼻炎型多呈地方性流行,支气管肺炎型多为散发。

【临床类型】 成年兔一般为慢性经过,仔兔和青年兔多为急性经过。一般病兔表现为鼻炎性和支气管肺炎型两类。

鼻炎型:病兔精神不振,闭眼,前爪抓搔鼻部;鼻腔黏膜充血,流出多量浆液性和黏液性分泌物,很少出现脓性分泌物,鼻孔周围及前肢湿润,被毛污秽。病程较长者转为慢性。

支气管肺炎型:多为鼻炎型长期不愈转变而来,呈慢性经过,表现消瘦,鼻腔黏膜红肿、充血,有多量的黏液流出,并可发展为脓性分泌物,鼻孔形成堵塞性痂皮,不时打喷嚏,呼吸加快,不同程度的呼吸困难,发出鼾声,食欲不振,进行性消瘦,病程可长达数月。

【病理变化】 早期病兔鼻腔黏膜出现卡他性炎症病变,充血,肿胀,慢性病例出现化脓性炎症。支气管肺炎型病兔在支气管和肺部出现不同程度的炎性病变,肺部和其他实质脏器有化脓灶。

【诊断方法】 根据临床症状、流行特点和剖检变化可做出初步诊断,但注意与巴氏杆菌病等相混淆。巴氏杆菌病一般肺部不形成脓疱,而波氏杆菌病多形成脓疱。必要时通过微生物学检验确诊。

【防治措施】

预防:加强饲养管理,搞好兔舍清洁工作,冬季既要注意保暖,又要注重通风,减少各种应激因素的刺激。此病高发地区应使用兔波氏杆菌灭活苗预防注射,每只肌内或皮下注射 1 毫升,7天后产生免疫力,每年免疫 3 次。生产实践中,建议使用巴氏杆菌-波氏杆菌二联苗,效果往往比注射单一疫苗好。

治疗:发现病兔时,一般病兔及严重病兔应立刻淘汰,杜绝传染源。对有价值的种兔应及时隔离治疗。四环素,40 毫克/千克体重,肌内注射,每天 2 次;卡那霉素,每千克体重 5 毫克,肌内注射,每日 2 次;硫酸卡那霉素,每只兔肌内注射 1 毫升,每天 2 次,连用 3 天;磺胺嘧啶钠,每千克体重 0.2～0.3 克,肌内注射,每日 2 次;庆大霉素,每千克体重 2.2～4.4 毫克,肌内注射,每日 2 次。

大肠杆菌病

大肠杆菌病是由致病性大肠杆菌及其毒素引起的一种发病率、死亡率都很高的獭兔肠道疾病,以水样或胶冻样粪便和严重脱水为特征,又称黏液性肠炎。

【流行特点】 本病一年四季均可发病。饲养管理不当、饲料污染、饲料和天气突变、卫生条件差等使大肠杆菌在肠道内大量繁殖可引发本病,也可继发球虫和其他疾病。本病多发于初生乳兔、乳期仔兔和断奶后的幼兔。

【临床症状】 本病最急性病例突然死亡而不出现任何明显症状,初生乳兔呈急性经过,腹泻不明显,排黄白色水样粪便,腹部臌胀,多发生在生后 5～7 天,死亡率很高。未断奶仔兔和断奶幼兔多发生严重腹泻,精神沉郁,食欲废绝,腹部臌胀,磨牙。体温正常或稍低,多于数天后死亡。

【病理变化】 乳兔腹部膨大,胃内充满白色凝乳物,并伴有液体;膀胱内充满尿液、膨大;小肠肿大、充满半透明胶冻样液体,并有气泡。其他病兔肠内有两头尖的细长粪球,其外面包有黏液,肠壁充血、出血、水肿;胆囊扩张,个别肺部出血。

【诊断方法】 根据本病幼仔兔多发,腹泻、脱水、粪便中带有黏液性分泌物等症状,配合病理解剖做出初步诊断,通过实验室进行细菌学检验确诊。

【防治方法】

预防:加强饲养管理,搞好卫生清洁工作,定期消毒,减少应激;断奶前后的仔兔,更换饲料应逐渐进行;合理调整饲料配方,保证粗纤维含量在12%以上;有本病病史兔群,用本兔群分离到的大肠杆菌制成灭活疫苗进行免疫接种,20～30日龄仔兔肌内注射1毫升,可有效预防本病的流行。平时在饮水或饲料中加入一定量的微生态制剂,可有效控制本病。

治疗:因大肠杆菌易对药物产生耐药性,最好先从病死兔分离细菌做药敏试验,选出最有效的药物进行治疗。可选用链霉素肌内注射,每千克体重10万～20万单位,每日2次,连用3～5天。提倡使用微生态制剂、大蒜素和寡糖等绿色药物进行治疗,比使用抗生素效果相对较好;讲究对症疗法,在抗菌抑菌的同时,适当补液和收敛药物,帮助消化,防止脱水,保护肠黏膜,促进治愈。

葡萄球菌病

葡萄球菌病是由金黄色葡萄球菌引起的致死性脓毒败血症和各器官部位的化脓性炎症,是一种常见的兔病,死亡率很高。金黄色葡萄球菌广泛存在于自然界中,一般情况下,本菌不会致病,但当皮肤、黏膜受到损伤时,即可乘机侵入机体,造成危害。

【流行特点】 家兔是对金黄色葡萄球菌最为敏感的一种动物。外界环境卫生不良、笼具粗糙、有尖锐物、笼底不平、缝隙过大等造成外伤感染,继而引发本病,仔兔吃了患葡萄球菌病母兔的乳汁也可致病。

【临床症状】 由于感染部位、程度不同,呈现不同的症状和类型。

脓肿型：发生于獭兔的任何器官和部位，以体表皮下脓肿最为常见，开始脓肿、硬结，后逐渐变为有波动的脓肿。脓肿大小不一，数量不等。内脏器官发生脓肿时，会影响其功能，但体表发生脓肿时，一般不会有全身症状，精神和食欲基本正常，只有局部触压时有痛感。如脓肿自行破溃，有的过一段时间可自行治愈，多数经久不愈。流出的浓汁因獭兔挠抓而损伤皮肤时，又会形成新的脓肿。有少数脓肿随血液扩散，会引起内脏器官发生化脓病灶及脓毒败血症，使病兔迅速死亡。

乳房炎型：多数在分娩后最初几天出现，是由于乳头或乳房皮肤受到损伤和污染而被金黄色葡萄球菌等侵入而发病。病兔全身症状明显，体温升高，食欲不振，精神沉郁，乳头肿大发热，呈紫红色或蓝紫色，母兔拒绝哺乳。常可转移至内脏器官引起败血症而亡。慢性乳房炎病症较轻，泌乳量减少，局部发生硬结或脓肿，有的可侵害部分乳房或整个乳房，乳汁呈乳白色或淡黄色奶油状。

脚皮炎型：病初患部脚掌底部皮肤充血发红、肿胀和脱毛，继而出现脓肿，形成长期不愈的出血性溃疡面，形成褐色脓性痂皮，不断流出脓液。病兔不愿走动，很小心地换脚休息，食欲减退，逐渐消瘦。有的病兔引起全身性感染，以败血症死亡。患脚皮炎的以大型种兔最为多见，进入配种期的后备兔很少发生。种兔一旦患有此病，种用价值大大降低。

仔兔黄尿症型：仔兔吸吮了患乳房炎母兔的乳汁而发生的一种急性肠炎。表现急性水泻，呈淡黄色，腥臭，一般为全窝发病。当个别乳房发生炎症时，可能少数仔兔发病。患兔精神沉郁，体温升高，昏睡，全身发软，不食，肛门周围及后肢潮湿，病程短则24小时内死亡，长的2～3天，死亡率很高。

鼻炎型：细菌感染鼻腔黏膜而引起的一种较慢性的炎症，患兔鼻腔流出大量的浆液脓性分泌物，在鼻孔周围干结成痂，呼吸常发生困难,打喷嚏;患兔常用前爪摩擦鼻部,使鼻部周围被毛脱落,前肢掌部也脱毛擦伤,常导致脚皮炎的发生;患鼻炎的獭兔易引起肺脓肿、肺炎和胸膜炎。

【病理变化】　主要特点是在体表或内脏可见到大小不一、数量不等的脓肿。乳房炎病兔乳房有损伤、肿大。仔兔黄尿病时肠黏膜充血、出血,肠内充满黏液;膀胱极度扩张,充满黄色或黄褐色尿液。脓毒败血症时全身各部皮下、内脏出现粟粒至黄豆大小白色脓疱。

【诊断方法】　根据病兔体表损伤史、脓肿、母兔乳房炎症作出诊断,必要时应做细菌学检查。

【防治措施】

预防:做好环境卫生和清洁工作,兔笼、兔舍、运动场及用具要经常打扫和消毒,兔笼要平整光滑,垫草要柔软清洁,防止外伤。发生外伤时要及时处理,发生乳房炎的母兔停止哺喂仔兔。

治疗:发生本病时要对症治疗。肌内注射庆大霉素,每兔2万～4万单位,每天2次,连用2～3天。内服红霉素,每千克体重3～5毫克,每天2次,连用3～5天。皮肤及皮下脓肿应先切开皮下脓肿排脓,然后用3%过氧化氢(双氧水)或0.2%高锰酸钾溶液冲洗,涂以碘甘油或2%碘酊等;患有脚皮炎时,可用1%～3%过氧化氢或1%高锰酸钾冲洗患肢,再涂抹3%～5%碘酊或涂擦抗生素软膏;患乳房炎时,未化脓的乳房炎用硫酸镁或花椒水热敷,肌内注射青霉素10万～20万单位,出现化脓时应按脓肿处理,严重的无利用价值的病兔应及早淘汰;已出现肠炎、脓毒败血症及黄尿病时,应及时使用抗生素药物治疗,并进行支持疗法。

皮肤真菌病

皮肤真菌病是由须毛属和石膏样小孢子菌属引起的以皮肤角化、炎性坏死、脱毛、断毛为特征的传染性皮肤病。许多动物和人都可感染此病。

【流行特点】 本病可通过交配、吮乳等直接方式传播，也可通过被污染的土壤、饲料、饮水、用具、脱落的被毛、饲养人员等间接方式传播；另外，温暖、潮湿、污秽的环境也可引发本病。本病一年四季均可发生，尤以春季和秋季换毛季节易发，各年龄兔均可发病，以仔幼兔的发病率最高。

【临床症状】 因病原菌不同，表现症状也不尽相同。

须毛癣菌病：多发生在脑门和背部，其他皮肤部位也可发生，表现为毛脱落，形成边缘整齐的秃毛斑，露出淡红色皮肤，表面粗糙，并有灰色鳞屑。患兔一般没有明显的不良反应。

小孢子霉菌病：开始多发生在头部，如口周围及耳朵、鼻部、眼周、面部、嘴以及颈部等皮肤出现圆形或椭圆形突起，继而感染肢端、腹下、乳房和外阴等。患兔被毛折断、脱落形成环形或不规则的脱毛区，并发生炎性变化，初为红斑、丘疹、水疱，最后形成结痂，结痂脱落后呈现小的溃疡。患兔巨痒，骚动不安，食欲下降，逐渐消瘦，最终衰竭而死，或继发感染葡萄球菌或链球菌等，使病情更加恶化，最终死亡。泌乳母兔患病，其仔兔吃奶后感染，在其口、眼睛、鼻子周围形成红褐色结痂，母兔乳头周围有同样结痂。其仔兔基本不能成活。

【诊断方法】 根据流行病学和临床症状等可做出初步诊断，如需确诊，则需要刮取病料镜检，可见有分支的菌丝及孢子。

小孢子霉菌病和疥癣有许多相似之处，常给獭兔养殖业造成巨大损失。因此，学会如何鉴别它们至关重要，主要区别如下：

①部位不同：小孢子真菌性皮炎主要发生在体表的无毛和少毛区，如眼圈、鼻端、嘴唇、外阴、肛门、乳房等。而疥癣多发生在脚趾部和外耳道，后感染至全身的其他部位。

②癣痂的状态不同：小孢子真菌病癣痂表面突出，边缘多整齐，颜色呈红褐色，后呈糠麸状。疥癣癣痂多灰褐色，在脚部被称

作石灰脚。

③药物治疗效果不同：小孢子真菌性皮炎以抗真菌药物外用多有明显效果，而后者只能使用杀螨虫的药物进行治疗。

④刮取病料镜检：前者有分支的菌丝及孢子，后者有活动的螨虫。

【防治措施】

预防：把好引种关，一定要从无本病的健康兔群引种，引种后必须隔离观察至第一胎仔兔断奶时，如无仔兔发病，方可进入兔群；平时要注意加强饲养管理，搞好环境卫生，控制好兔舍湿度，注意通风透光；经常检查兔群，发现可疑病兔，立即隔离诊断治疗；如发现个别患有小孢子霉菌病，最好就地处理，不必治疗，以防成为传染源；而对于须毛癣，危害较小，可及时治疗。可选用2％火碱或0.5％过氧乙酸等进行严格消毒，对于脱落的残毛，可用火焰喷灯处理。

治疗：患兔局部可涂擦克霉唑水溶液或软膏，每天3次，直至痊愈；也可用10％水杨酸钠、6％苯甲酸或5％～10％硫酸铜溶液涂擦患部，直至痊愈；涂擦皮炎碘酊（人用），每天1次，连续2～3天；强力消毒灵（中国农业科学院中兽医研究所兽药厂生产）配成0.1％的溶液，以药棉涂擦患部及周围，每天1次，连续3～5天；同时，用0.5％的该药对环境消毒，有良好效果。大群防治可投服灰黄霉素，有良好效果。

附红细胞体病

附红细胞体病是由附红细胞体寄生于多种动物和人的红细胞表面、血浆及骨髓液等部位所引起的一种人畜共患病。目前，国际上将附红细胞体列为立克次氏体目、无浆体科、附红细胞属科。附红细胞体的种类很多，现已命名的大约14种。常见的有牛温氏附红细胞体、绵羊附红细胞体、猪附红细胞体和小附红细

胞体、猫附红细胞、犬附红细胞体、兔附红细胞体、山羊附红细胞
体等。其中,猪、绵羊的附红细胞体致病力最强。

【流行特点】 附红细胞体的易感动物很多,包括哺乳动物中
的啮齿类动物和反刍类动物。动物的种类不同,所感染的病原体
也不同,感染率也不尽相同,其中兔为 83.46%。关于附红体细胞
体的传播途径说法不一,但国内外均趋向于认为吸血昆虫可能起
传播作用,蚊虫是主要传播媒介。

该病的发生具有明显的季节性,多在温暖季节,尤其是吸血
昆虫大量滋生繁殖的夏秋季节感染,表现隐性经过或散发发生,
但在应激因素如长途运输、饲养管理不当、气候恶劣、寒冷或其他
疾病感染等情况下,可使隐性感染獭兔发病,症状较为严重,甚至
发生大批死亡,呈地方流行性(秦建华,2003)。

我国于 1981 年在家兔中发现附红细胞体,但到目前为止,资
料较少。近几年来,通过对不同地区家兔附红细胞体病的诊断和
调研来看,一些病例发生在 6～9 月间,与蚊虫滋生繁殖季节相吻
合。故认为吸血昆虫为主要的传播媒介之一。但是,在冬季和其
他非蚊虫季节,刚刚出生的仔兔也发生该病,唯一的传播途径为
母仔胎盘。因此,控制母兔发病是控制兔群发病的根本。

【临床症状】 患兔尤其是幼小兔临床表现为一种急性、热
性、贫血性疾病。患病獭兔体温升高至 39.5℃～42℃,精神委顿,
食欲减少或废绝,结膜苍白,转圈,呆滞,四肢抽搐。个别兔后肢
麻痹,不能站立,前肢有轻度水肿。乳兔不会吃奶。少数病兔流
清鼻涕,呼吸急促。病程一般 3～5 天,多的可达 1 周以上。病程
长的有黄疸症状,粪便黄染并混有胆汁,严重的会出现贫血。血
常规检查,兔的红、白细胞数及血色素量均偏低。淋巴细胞、单核
细胞、血色指数均偏高。一般仔兔的死亡率高,耐过的仔兔发育不
良,成为僵兔。妊娠母兔患病后,极易发生流产、早产或产出死胎。

根据病程长短不同,该病分为三种类型。

急性型:此型病例较少。多表现突然发病死亡,死后口鼻流血,全身红紫,指压褪色。有的患病兔突然瘫痪,饮食俱废,无端嘶叫或痛苦呻吟,肌肉颤抖,四肢抽搐。死亡时,口内出血,肛门排血。病程1～3天。

亚急性型:患兔体温升高,达39.5℃～42℃,死前体温下降。病初精神委顿,食欲减退,饮水增加,而后食欲废绝,饮水量明显下降或不饮。患病兔颤抖,转圈或不愿站立,离群卧地,尿少而黄。起先兔便秘,粪球带有黏液或黏膜,后腹泻,有的便秘和腹泻交替出现。后期病兔耳朵、颈下、胸前、腹下、四肢内侧等部位有出血点。有的病兔前后两肢发生麻痹,不能站立,卧地不起。有的病兔流涎,呼吸困难,咳嗽,眼结膜发炎。病程3～7天,死亡或转为慢性经过。

慢性型:隐性经过或由亚急性转变而来。有的症状不十分明显。有些病程较长,逐渐消瘦,近年体质较弱的泌乳母兔该类型较多,采食困难,出现四肢无力、趴卧不动、站立不稳、浑身瘫软的症状。若能得到及时治疗和照料,部分可逐渐好转。

【病理变化】 剖检急性死亡病例,尸体一般营养症状变化不明显,病程较长的病兔尸体表现异常消瘦,皮肤弹性降低,尸僵明显,可视黏膜苍白、黄染,并有大小不等暗红色出血点或出血斑,眼角膜混浊、无光泽。皮下组织干燥或黄色胶冻样浸润。全身淋巴结肿大,呈紫红色或灰褐色,切面多汁,可见灰红相间或灰白色的髓样肿胀。

血液稀薄、色淡、不易凝固。皮下组织及肌间水肿、黄疸。多数有胸水和腹水,胸腹脂肪、心冠沟脂肪轻度黄染。心包积水,心外膜有出血点,心肌松,颜色呈熟肉状,质地脆弱。肺脏肿胀,有出血斑或小叶性肺炎。肝脏有不同程度肿大、出血、脾脏肿大,呈暗黑色,质地柔软,切面结构模糊,边缘不齐,有的脾脏有针头大至米粒大灰白色或黄色坏死结节。肾脏肿大,有微出血点。胃底出血、坏死,十二指肠充血,肠壁变薄,黏膜脱落,其他肠段也有不同程度的炎性变化。淋巴结肿大,切面外翻,有液体流出。软脑膜充血,脑实质有微细出血点,柔软,脑室内脑脊髓液增多。

【诊断方法】 黄疸、贫血和高热,临床特征表现为全身发红。

【防治措施】

预防:整个兔群可用0.1%阿散酸和0.2%土霉素拌料。

治疗:①四环素、土霉素,每千克体重40毫克;或金霉素,每千克体重15毫克,口服、肌内注射或静脉注射,连用7~14天;②血虫净(或三氮咪,贝尼尔),每千克体重5~10毫克,用生理盐水稀释成10%注射液,静脉注射,每天1次,连续3天;③新胂凡纳明(914),每千克体重40~60毫克,以5%葡萄糖溶液溶解成10%注射液,静脉缓慢注射,每天1次,隔3~6日重复用药1次;④黄色素,按每千克体重3毫克,耳静脉缓慢注射,每天1次,连用3天;⑤磷酸伯氨喹的强力方焦灵注射液,每千克体重1.2毫克,肌内注射,连用3天;⑥磺胺-6-甲氧嘧啶钠注射液,每千克体重20毫克,肌内注射,连用3天。病情严重者,还应采取强心、补液,补右旋糖酐铁和抗菌药,注意精心饲养管理,进行辅助治疗。

(二)寄生虫病

球虫病

獭兔球虫病是由艾美尔属的多种兔球虫寄生于肝脏胆管上皮细胞和肠上皮细胞内引起的一种寄生性原虫病,是最为常见的而且是危害最严重的寄生虫病之一。

【流行特点】 隐性带虫兔和病兔是本病的主要传染源,断奶仔兔至3月龄幼兔易感,死亡率高。成年兔发病较轻或无临床症状。断奶,变换饲料,营养不良,笼具和兔场、兔舍卫生差,饲料、饮水污染等都会促使本病发生与传播。本病在全国各地均有发生,主要发生在温暖潮湿季节,在长江以南地区以梅雨季节更甚,长江以北地区,以6～8月高发,且有四季发生的趋势。

根据河北省农业大学谷子林教授研究,家兔球虫病具有以下新特点:季节的全年化、月龄的扩大化、抗药性的普遍化、药物中毒的严重化、混合感染的复杂化、临床症状的非典型化和死亡率排位前移化等,给防治工作带来很大的难度。

【临床症状和病理变化】 根据球虫种类和寄生部位不同,分为肠球虫病、肝球虫病和混合型球虫病。其临床症状也不一样。

肠球虫病:多呈急性经过,死亡快者不表现任何症状而突然倒地,四肢抽搐,头往后仰,角弓反张,惨叫一声而死。慢性型表现顽固性下痢,有时出现便秘,有时粪中带血,腹部胀满。患兔精神沉郁,食欲减退,伏卧不动,多于10天后死亡。

肝球虫病:肝脏肿大,在肝区触诊有痛感,可视黏膜轻度黄染。患兔精神不振,食欲减退,逐渐消瘦,后期往往出现神经症状,四肢麻痹,最终衰竭而亡。

混合型球虫病:具有肠型和肝型两种疾病的症状表现。

病理变化也有明显的区别:

肠型球虫病:急性经过时可见肠壁血管充血,十二指肠扩张、肥厚、黏膜充血、出血。小肠内充满气体和大量微红色黏液。慢性经过时,肠黏膜呈淡灰色,有小而硬的白色结节,有时可见化脓性坏死灶。

肝型球虫病:肝脏肿大,肝表面及实质有数量和大小不等的白色或淡黄色结节性病灶,沿胆管分布,切开流出乳白色、浓稠物质,内含球虫卵囊,胆囊肿大,充满浓稠胆汁、色淡,腹腔积液。

混合型球虫病以上两种病理变化都有,而生产中混合型球虫病居多。

【诊断方法】 根据流行病学、临床症状及病理解剖结果可做出初步诊断。确诊可采用饱和盐水漂浮法或镜检法。

【防治措施】

防治:加强饲养管理,搞好饮食卫生和环境卫生。笼具、兔舍勤清扫,定期消毒,粪便堆积发酵处理,严防饲草、饲料及饮水被兔粪污染,成年兔和幼兔应分开饲养;仔兔在哺乳期实行母仔分养,定期哺乳,可降低仔兔的感染率;病死兔应焚烧或深埋,消灭传染源;消灭鼠类及苍蝇,以防卵囊散布;在球虫病流行的季节内,对断奶仔兔,可在饲料中拌入药物(如氯苯胍、地克珠利、球净、盐霉素等),用以预防兔球虫病。

治疗:氯苯胍,每千克体重 10 毫克喂服或按 0.03% 的比例拌料,连用 2～3 周,对断奶仔兔预防时可连用 2 个月;克球粉,每千克体重 50 毫克,连用 5～7 天;盐霉素,按每千克饲料 60 毫克,连续使用;0.015% 浓度的地克珠利,饮水或每吨饲料添加 1 克拌料,或以鲜尔康拌料;兔宝 I 号,由山西省农科院畜牧兽医研究所研制,对兔球虫病预防具有一定效果;球净由河北省农业大学山区研究所研制,按饲料用量的 0.25% 添加,连用 15 天停药 5 天或连续使用,对预防球虫病发生有特效。

注意,当个别獭兔发生球虫病时,要及时对全群进行防治;此外,要经常注意药物的交替使用,以免球虫对药物产生抗药性。

豆状囊尾蚴

豆状囊尾蚴是由寄生于犬、狐、猫及其他食肉动物小肠内的豆状带绦虫的幼虫——豆状囊尾蚴寄生在獭兔的肝脏、肠系膜和腹腔内引起的疾病。

【流行特点】 獭兔食入被犬、猫等食肉动物粪便污染的饲草、饲料和饮水后而感染,虫卵在消化道逸出六钩蚴,钻入肠壁,随血液到达肝脏,继而在肝脏和其他脏器表面发育成囊尾蚴而发病。

【临床症状】 獭兔体内的囊尾蚴数量较少时,一般无明显症状,只是生长稍微缓慢些。大量感染时,才出现明显症状,表现被毛粗糙、无光泽,消瘦,腹胀,可视黏膜苍白,贫血,消化不良或紊乱,食欲减退,粪球小而硬;严重者出现黄疸,精神萎靡,嗜睡少动,逐渐消瘦,后期有的腹泻,有的后肢瘫痪。感染严重时,可引起急性死亡。

【病理变化】 肝脏肿大,腹腔积液,肝脏表面、胃壁、肠道、腹壁等处的浆膜面附着数量不等的豆状囊尾蚴,呈水疱样。肝表面和切面有黑红、黄白色条纹状病灶,病程较长者可转化为肝硬化。

【诊断方法】 此病生前诊断比较困难,死后剖检发现囊尾蚴后即可确诊。

【防治措施】

预防:兔场严禁喂养猫、狗等动物,若喂养,一定要采取拴养的办法,并定期驱治绦虫;严防猫、狗等动物进入兔舍,尤其防止它们带虫卵的粪便污染饲草、饲料及饮水;严禁将豆状囊尾蚴或带有豆状囊尾蚴的兔肝脏喂猫和狗。

治疗:吡喹酮,每千克体重 100 毫克喂服,24 小时后再喂 1次;或每千克体重 50 毫克,加适量液状石蜡,混合后肌肉注射,24小时候后再注射 1 次。

兔 螨 病

兔螨病又称疥癣,是由螨寄生于獭兔皮肤而引起的一种体外寄生虫病。引起獭兔发病的螨主要有兔疥螨、兔背肛螨、兔痒螨和兔足螨。螨主要在兔的皮层挖掘隧道,吞食脱落的上皮细胞及表皮细胞,使皮层受到损伤并发炎。

【流行特点】 本病主要发生在秋冬季节绒毛密生时,潮湿多雨天气、环境卫生差、管理不当、营养不良、笼舍狭窄、饲养密度大等均可引发本病。可通过病兔和健康兔的直接接触或通过笼具等传播。

【临床症状】 兔疥螨和兔背肛螨寄生于兔的头部和掌部无

毛或毛较短的部位,如嘴、上唇、鼻孔及眼睛周围,在这些部位真皮层挖掘隧道,吸食淋巴液,其代谢物刺激神经末梢引起痒感。病兔擦痒使皮肤发炎,以致发生疱疹、结痂、脱毛,皮肤增厚,不安、瘙痒,饮食减少,消瘦,贫血,甚至死亡。

兔痒螨主要侵害兔的耳部,开始耳根部发红肿胀,而后蔓延到耳道发炎。耳道内有大量炎性渗出物,渗出物干燥结成黄色硬痂,堵塞耳道,有的引起化脓,病兔发痒,有的可发展到中耳和内耳,严重的可引起死亡。

兔足螨多在头部皮肤、外耳道、脚掌下面甚至四肢寄生,患处结痂、红肿、发炎、流出渗出物,患兔奇痒不安,不时搔抓。

【诊断方法】 根据临床症状和流行特点作出初步诊断,从患部刮取病料,用放大镜或显微镜检查到虫体即可确诊。

【防治措施】

预防:预防疥癣病,应保持兔舍清洁卫生、干燥、通风透光,要定期对兔场、兔舍、笼具等进行消毒,可用1%敌百虫溶液或3%热火碱水或火焰消毒,严禁引进病兔;发生螨病时,要及时隔离治疗或淘汰;对健康兔每年进行1~2次预防性药物处理,即用1%~2%敌百虫水溶液滴耳和洗脚。对新引进的种兔做同样处理。

治疗:阿维菌素(商品名为虫克星)每千克体重0.2毫克,皮下注射(严格按说明书剂量),具有特效;伊维菌素(商品名为害获灭、灭虫丁),按每千克体重0.2毫克皮下注射,第一次注射后,隔7~10天后重复用药1次;2%~2.5%敌百虫酒精溶液喷洒涂抹患部,或浸润患肢。对耳道病变,应先清理耳道内脓液和痂皮,然后滴入或涂抹上述药物;药浴时不可将整个兔浸入药液中,只可依患部治疗。

栓尾线虫病

栓尾线虫病是栓尾线虫寄生在兔子盲肠和结肠内引起的一

种线虫病,又称蛲虫。近年来,该病的感染率呈逐渐增加的趋势。

【临床症状】 獭兔感染栓尾线虫病后,根据感染程度和年龄阶段不同而存在差异。感染程度较轻时,常无明显的临床症状。感染严重时,可表现为消化不良、轻度腹泻、肛门瘙痒、被毛粗乱无光、逐渐消瘦等临床症状。当雌虫夜间在肛门产卵时,可表现伏卧不安、肛门瘙痒现象。

【诊断方法】 在夜间,可观察到患兔的肛门处有爬出的虫体,在粪便表面有时可见到排出的虫体。用直接涂片法或饱和盐水漂浮法,在显微镜下观察虫卵。剖检可在盲肠或结肠发现虫体。

【防治措施】

预防:加强管理,定期对兔舍和笼具进行消毒,粪便发酵处理;对引进种兔的粪便进行虫卵检查,发现携带者,立即驱虫;全群每年驱虫 2 次,可用丙硫苯咪唑,每千克体重 10 毫克口服,每日 1 次,连用 2～3 日。

治疗:丙硫苯咪唑,每千克体重 10～20 毫克,每日 1 次,连用 2 日;左旋咪唑,每千克体重 5～6 毫克,每日 1 次,连用 2 日;硫化二苯胺,以 2％的比例拌料饲喂。

(三)普 通 病

霉菌毒素中毒

霉菌毒素中毒是指獭兔采食了发霉饲料而引起的中毒性疾病。

【流行特点】 在温暖潮湿季节,霉菌会大量繁殖,易引起饲料霉变,獭兔采食后即可引起中毒。

【临床症状】 能引起獭兔中毒的霉菌种类比较多,加之不同的霉菌所产生的毒素不同,獭兔中毒后表现的症状也不同,主要有以下几种:

瘫软型:患兔精神沉郁,食欲减退或废绝,体温升高,浑身瘫软,四肢麻痹,头触地,不能抬起。多数急性发作,2～3 天死亡。此种类型以泌乳母兔发病率最高,其次为妊娠母兔。

后肢瘫痪型:此种类型多发生在青年母兔配种的第一胎,临产前(29～30 天)突然发病,表现为后肢瘫痪,撇向两外侧,不能自愈和治愈。

死产流产型:妊娠母兔在后期流产,没有流产的产出死胎,死胎率多少不等,胎儿发育基本成型,呈紫黑色或污泥色,皮肤没有弹性。

肠炎型:患兔精神沉郁,食欲减退,粪便不正常,有时腹泻;有时便秘,有的突然腹泻,粪便呈稠粥样,黑褐色,带有气泡和酸臭味。有的本类型的特点是采食量越大,发病越急,病情越严重。若不及时治疗,很快死亡,有的在死前有短暂的兴奋。

流涎型:患兔突然发病,流出大量的口水。不仅仅发生于幼兔,成年兔(特别是采食量大的母兔)的发病率最高。患兔精神不振,食欲降低,在短期内流出大量的液体。如不及时治疗,也可造成死亡。

便秘腹胀型:患兔腹胀,用手触摸腹腔内有块状硬物。解剖发现盲肠内有积聚的干硬内容物。此种类型很难治愈。

【病理变化】 肝明显肿大,表面呈淡黄色。肝实质变性,质地脆。胸膜、腹膜、肾、心肌及胃肠道出血。肠黏膜容易剥脱。肺充血、出血。

【防治措施】 本病尚无特效解毒药物,主要在于预防,平时注意饲料品质,做到严格禁止饲喂发霉变质饲料,饲料要充分晾晒干燥后贮存。高温高湿季节还应注意在饲料中添加丙酸钙等防霉剂。生产中一旦发现霉菌毒素中毒,应尽快查明发霉原因,停喂发霉饲料,多喂青草。同时可内服克霉唑等药物抑制或杀灭消化道内霉菌。维持体况,可静脉注射或腹腔注射葡萄糖注射液,全群饮水中加入弥散性维生素,连用 3～5 天。

肚 胀

肚胀又称肠膨胀,多因獭兔采食了过多的易发酵饲料、豆科饲料、霉烂变质饲料、冰冻饲料及含露水的青草等,引起胃肠道异常发酵,产气而膨胀。兔舍寒冷、阴暗潮湿,是本病诱因。此外,便秘、肠阻塞、消化不良以及胃肠炎等也可继发本病。

【临床症状】 患兔精神沉郁,蹲卧少动,呼吸急促,心跳快,可视黏膜潮红或发绀,食欲废绝,腹部膨大,触压有弹性、充满气体感,叩之有鼓音,痛苦。

【防治措施】

预防:预防本病要限制饲喂易产气发酵饲料,不喂带露水的青草和冰冻饲料,严禁饲喂霉烂变质饲料。兔舍应通风透光,干燥保温。

治疗:及时治疗原发疾病,防止继发肠臌气。发现臌气病兔,可灌服液状石蜡或植物油 20 毫升、食醋 20～50 毫升;大蒜 4～6 克捣烂、食醋 20～30 毫升灌服;也可用消胀片或二甲硅油等消胀剂。配合抗菌消炎和支持疗法效果更好。

便 秘

便秘是由于肠内容物停滞、变干、变硬,致使排粪困难,甚至阻塞肠腔的一种腹痛性疾病。便秘是由于饲养管理不当,精粗料搭配不合理,精饲料过多,长期饲喂粗硬劣质干草和饮水不足,饲料不洁、混有泥沙,缺乏运动,食入异物等导致肠道功能减弱,蠕动迟缓,分泌减少,粪便停滞时间长,失水而变干硬秘结。其他热性病和大量使用抗生素产生的副作用也可继发本病。生产中更加多见于由饲料霉变和饲料中含有某些毒素或代谢产生毒素而抑制麻痹肠壁,蠕动迟缓所造成的便秘。

【临床症状】 患兔精神沉郁或不安,食欲减退或废绝,尿少

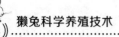

而黄,肠音减弱或消失,粪球干硬细小,频做排便姿势,但排便量少或数天不见排便,腹部膨胀,疼痛,回头顾腹。

【防治措施】

预防:加强饲养管理,合理搭配饲料,防止过食,供给充足饮水,适当运动,配合饲喂青绿多汁饲料可有效防止本病发生。

治疗:轻症病兔可适当饲喂人工盐2～5克;较重病兔可喂服硫酸钠5～10克、液状石蜡或食用油10～20毫升;温肥皂水或液状石蜡灌肠,并配合腹部按摩;果导片1～2片喂服;微生态制剂口服,大兔每次10毫升,小兔每次5毫升,每日2～3次,连用1～2天。继发便秘时应及时治疗原发疾病。

毛 球

病毛球病是由于獭兔食入被毛所引起的。饲养密度大,未及时清理脱落在饲料内、垫草上的绒毛导致误食,饲料营养物质不全,含硫氨基酸缺乏等均是本病发生的缘由。

【临床症状】 病兔食欲不振,喜卧,喜饮水,大便秘结,粪便中带毛,有时成串。饲料、绒毛混合成毛团,阻塞肠道,兔停止采食,加之饲料发酵产气,故胃体积大且膨胀。触诊能感觉到胃内有毛球。患兔贫血、消瘦,衰弱甚至死亡。

【诊断方法】 通过触诊和剖检变化即可判断。

【防治方法】

预防:加强饲养管理,保证供给全价饲料,增加矿物质和富含维生素的青饲料,补充含硫氨基酸、胱氨酸较多的饲料;经常清理兔笼或兔舍。

治疗:灌服植物油(菜籽油、豆油)使毛球软化,肛门松弛,毛球润滑并向后部肠道推移;对于比较小的毛球,可口服多酶片,每日1次,每次4片,使毛球逐渐酶解软化,然后灌服植物油使毛球下移,也可用温肥皂水灌肠,每日3次,每次50～100毫升,兴奋肠蠕动,利于毛球排出。毛球排出后,应给予易消化的饲料,口服健胃药如酵母等,促进胃肠功能恢复。

妊娠毒血症

妊娠毒血症发生于母兔妊娠后期,是由于妊娠后期母兔与胎儿对营养物质需要量增加,而饲料中营养物质不平衡,特别是葡萄糖及某些维生素的不足,使得内分泌功能失调,代谢紊乱,脂肪和蛋白质过度分解而致。妊娠期母兔过肥或过瘦均易发生本病。

【临床症状】 此病大多在妊娠20天左右出现精神沉郁,食欲减退或废绝,呼吸困难,尿量少,呼出的气体与尿液有酮味,并很快出现神经症状,惊厥昏迷,共济失调,流产,甚至死亡。

【防治方法】 预防,母兔在妊娠后期要提高饲料营养水平,喂给全价平衡饲料,补喂青绿饲料,饲料中添加多种维生素以及葡萄糖等有一定预防效果。如发现母兔有患病症状,可内服葡萄糖或静脉注射葡萄糖溶液及地塞米松等,有较好效果。

第七章

獭兔产品初加工

一、商品兔的屠宰与取皮技术

（一）适时屠宰和取皮

獭兔适时屠宰取皮，能够降低养殖投入，增加经济效益。若屠宰过早，皮张质量达不到标准要求，质量差、档次低，价钱当然不会高；若取皮时间过晚，饲养的时间长、生长慢、投入大、耗料多、饲养成本高，同样影响养殖效益。因此，掌握好适宜的屠宰和取皮时机至关重要。综合考虑皮张质量和养殖效益两方面的因素，5～6 月龄的壮年兔，是取皮的最佳时机。此阶段的獭兔，绒毛稠密、色泽光润、板质结实、厚薄适中，质量较好，已具备了良好的取皮条件。

（二）宰前准备

1. 检查　为了保证兔皮、兔肉等兔产品的质量，屠宰时对候宰兔必须进行健康检查。对于病兔或可疑病兔应及时隔离，并按最新国家标准《畜禽病害肉尸及其产品无害化处理规程》，对不同病兔做出相应的妥善处理。

2. 饲养　对于等待屠宰的兔子,分笼小群饲养,保证休息,减少运动和应激。除了饲喂适量的配合饲料外,还应添加一定的助消化药物和抗应激药物。

3. 停食　宰前 8～12 小时停止喂料,仅供给饮水。这样不仅有利于屠宰操作,保证产品质量,而且还可以节约饲料。

（三）致　死

致死包括击晕与放血两个步骤。

1. 击晕　击晕的目的是使临宰兔暂时失去知觉,减少和消除屠宰时的挣扎和痛苦,便于屠宰时放血。目前,常用的击昏方法有以下几种。

（1）电击法　俗称电麻法,是正规化屠宰场广泛采用的击晕法。该法使电流通过兔体麻痹中枢神经,同时还能刺激心跳活动,缩短放血时间,提高劳动效率。电麻器常用双叉式,类似长柄钳,适用电压为 40～70 伏(V),电流为 0.75 安(A)。使用时先蘸取 5% 盐水,插入耳根后部,使兔触电昏倒。

（2）机械击昏法　此法广泛用于小型獭兔屠宰场和家庭屠宰加工。该法通常用右手紧握候宰兔的两后腿,使兔头下垂,用木棒或铁棒猛击兔的后脑,使其昏厥毙命。棒击时应迅速、熟练,否则不仅达不到击昏的目的,而且因兔骚动容易发生危险。

（3）颈部移位法　此法比较适用于小型屠宰加工厂和家庭屠宰加工。该法是用一手抓住兔的两后肢,另一手大拇指按住兔两耳根后边延脑处,其余四指按住下颌部,然后两手猛用力一拉并使兔头向后扭,便可使颈椎脱位致昏。另外,还可耳静脉注射空气 5～10 毫升,使血液形成栓塞致死;也可灌服少量食醋,引起心脏衰竭、呼吸困难而致昏。

要注意的是,有的农村地区可见到用尖刀割颈放血或杀头致死,这样会使毛皮受到污染和损害皮张,所以不宜采取此种方法。

2. 放血 兔被击昏后应立即放血。目前,最常用的放血法是颈部放血法,即将击昏的兔倒挂在钩上,用小刀切开颈动脉放血。放血应充分,时间不少于 2 分钟。放血充分的胴体,肉质细嫩,含水量少,容易贮存;放血不全时,肉质发红,含水量高,贮存困难。

(四)剥 皮

小规模生产,多采用手工或半机械化剥皮。即将放血后的兔倒挂,然后将前肢腕关节和后肢跗关节周围的皮肤切开,再用小刀沿大腿内侧通过肛门把皮肤挑开,接头用手分离皮肉,再用双手紧握兔皮的腹部、背部向头部方向翻转拉下,犹如翻脱袜子,最后抽出前肢,剪掉耳朵、眼睛和嘴周围的结缔组织和软骨,至此一个毛面向内、肉面向外的筒状鲜皮即被剥下。在剥皮时应注意不要损伤毛皮,不要挑破腿肌和撕裂胸腹肌。机械化水平较高的,有采用剥皮机剥皮的。剥下的鲜皮应立即除净油脂、肉屑、筋腱等,然后用利刀沿腹部中线剖开为"开片皮",毛面向下、板面向上伸开铺平,置通风处晾干。做到剥皮时手不沾肉、毛不沾肉。

还有一种剥皮方法即平剥法,将屠宰后的獭兔放在平台上,使腹部朝上,在四肢中段将皮肤环形剪开切口,然后在腹部开一小口,沿腹中线将皮肤纵向切开,逐步剥离即可。

(五)断肢去头尾

剥皮后在前颈椎处割下头,在跗关节处割下后肢,在腕关节处割下前肢,在第一尾椎处割下尾巴。

(六)剖腹净膛

屠宰剥皮后应剖腹净膛,先用刀切开耻骨联合处,分离出泌尿生殖器官和直肠,然后沿腹中线打开腹腔,取出除肾脏外的所有内脏器官。打开腹腔时下刀不要太深,避免开破脏器,污染肉尸。在取大小肠时,应手指按腹壁及肾脏,以免腹壁脂肪与肾脏连同大小肠一并扯下。在取出脏器时,还应进行检验,主要注意其色泽、大小以及有无淤血、充血、炎症、脓肿、肿瘤、结节、寄生虫和其他异常现象,特别要注意蚓状突和圆小囊上的病变。发现球虫病和仅在内脏部位的豆状囊尾蚴、非黄疸性黄脂兔,肉尸不受限制;凡发现结核、假性结核、巴氏杆菌病、黏液瘤、黄疸、脓毒症、坏死杆菌病、李氏杆菌病、副伤寒、肿瘤和梅毒等疾病,一律另作处理。

（七）胴体修整

经宰杀、剥皮和净膛后的兔屠体,需进一步按商品要求整修。首先去除残余的内脏、生殖器官、腺体和结缔组织。另外,还应摘除气管、腹腔内的大血管,除去屠体表面和腹腔内的表层脂肪。最后用水冲洗屠体上的血污和浮毛,沥水冷却。总之,修整的目的是为了达到洁净、完整和美观的商品要求。

二、原料皮的初步加工技术

（一）原料皮的初步清理

从活兔身上剥取得到的兔皮带有脂肪、残肉、尾巴、腿,还有的带头,在兔皮保存前需要对兔皮进行初步清理。清理时,一般将鲜皮用剪子沿腹中线准确剪开后,用刀子割除前后肢、头皮和尾巴等,再用铲皮刀平稳、均匀地刮净皮板上的残肉、脂肪和结缔组织等,也可采用刮肉机刮除。

（二）鲜皮防腐

鲜皮是指刚从兔体上剥下来的皮,也称血皮。鲜皮中含有大量的蛋白质和水分,皮板上还含有多种蛋白质分解酶,一旦环境条件适宜,微生物就会大量繁殖,使鲜兔皮腐败变质,失去制革、制裘的价值。因此,刚从兔体上剥下来的鲜皮要及时进行防腐处理。防腐就是通过降低温度、除去皮板水分或采用防腐剂等手段,促使生皮产生一种不适于细菌作用的环境,以防止兔皮变质腐烂。

鲜皮防腐是毛皮初步加工的关键。兔皮防腐目前常用的方法主要有干燥法、盐腌法和盐干法。

1. 干燥法　干燥法是一种传统的防腐方法,通过降低皮内水分,阻止微生物活动而达到防腐的目的。操作方法:将鲜皮按自然皮形平铺在地上、木板或草席上,毛面向下、板面朝上,置于阴凉、干燥和通风处。

在干燥过程中,切忌烈日暴晒,也要防雨淋或被露水浸湿,以免影响水分蒸发,降低干燥速度。

在干燥地区和干燥季节多采用干燥法。优点是操作简单,成本低,皮板洁净,便于贮藏和运输;缺点是若干燥不当,就会损伤皮板,贮藏过程中受虫害侵蚀的可能性会增大。

2. 盐腌法　通过食盐的高渗作用,将鲜皮用干燥食盐或盐水处理,阻止微生物繁殖,从而达到防腐的目的,这是防止生皮腐烂最常见、最可靠的方法。其具体操作方法为:将兔皮从腹部剖成片皮、去头尾及四肢,鲜皮肉面向上平铺在平台上,在皮板肉面均匀抹一层盐,毛面对着毛面、板面对板面堆放,码垛要堆到适宜的高度,一般为 30～40 厘米,堆放 4～6 天,滴水。用盐量一般为皮重的 35%～50%。为了保证毛皮的品质,还可以添加皮重 0.5%～1.0% 的防腐杀虫剂。一般在 1 周后翻 1 次垛,把上层的皮张铺到底层,再逐张撒一层盐。再经过 5～6 天的时间,待皮腌透后,取出晾晒。

盐腌法防腐的毛皮,皮板多呈灰白色,紧密而富有弹性,湿度均匀,适于较长时间保存,不易生虫。缺点是阴雨天容易回潮,用盐量大,劳动强度大。

或将清理好的鲜皮浸入浓度为 25%～35% 的食盐溶液中,经过 16～20 小时的浸泡,每隔 8 小时补一次盐,以保持盐浓度稳定。浸泡结束后捞出皮滴水 24 小时,再将鲜皮重 25% 的食盐按盐腌法撒盐,堆垛处理。此方法简单易行、处理及时,防腐效果好于撒盐法,但劳动强度更大,耗盐量也比较大,盐污染严重。

3. 盐干法　这是盐腌和干燥两种防腐法的结合,即先盐腌后干燥,使原料皮中的水分降至 20% 以下,鲜皮经盐腌在干燥过程中盐液逐渐浓缩,抑制细菌活动,达到防腐的目的。

4. 冷藏　低温会使细菌和酶的活动降低或停止。因此,在宰杀取皮后来不及及时处理时,可以直接冷藏在冷库中,此方法只适合于短期保存。

(三)獭兔皮的商业分级标准

2011 年新颁布的《獭兔皮》国家标准(GB/T 26616—2011)中分为特级、一级、二级、三级和等外级。

特级:绒面平齐,密度大,毛色纯正、光亮,背腹毛一致;绒面毛长适中,有弹性;枪毛少,无缠结毛、旋毛;板质良好,无伤残。面积大于 1 500 厘米^2,绒长 1.6～2.0 厘米。

一级:绒面平齐,密度大,毛色纯正、光亮,背腹毛基本一致;绒面毛长适中,有弹性;面积大于 1 500 厘米^2,绒长 1.6～2.0 厘米。

二级:绒面平齐,密度较好,腹部毛绒较稀疏;板质好,无伤残。面积大于 1 000 厘米^2,绒长 1.4～2.2 厘米。

三级:毛绒略有不齐,密度较好,腹部毛绒较稀疏;板质较好;次要部位 1 厘米^2 以上伤残不超过 2 个。面积大于 800 厘米^2,绒长 1.4～2.2. 厘米。

等外级:不符合特级、一级、二级和三级以外的皮张。

说明：自颈部中端至尾根测量长度，从腰中部两边缘之间量出宽度，长、宽相乘得出面积。用嘴吹被毛，使被毛呈旋涡状，不漏出皮肤的为密，露出皮肤越多毛越稀。

（四）兔皮贮藏

不同的防腐处理方式，其贮藏方法也不同。除冷冻兔皮要求在运输和贮藏期间均保持一定的冷冻温度（通常为－20℃）外，其他防腐方式处理的皮张均应保存于库房内，要求库房设在地势较高的地方，库内要通风隔热、防潮，保证空气相对湿度为50％～60％，温度为10℃，温度最高不得超过30℃；要有充足的光线，但阳光又无法直接晒在皮张上。在库内适宜位置安放温度计和湿度计，以便经常检查库内的温度和湿度变化。有条件的要安装通风设备，以便调节库内空气流通。

入库前要进行严格的检查。剔出没有晾晒干或带有虫卵以及杂质的皮张，再经处理后方能入库。在库房内，不同等级的皮张要分别堆码。垛与垛、垛与墙、垛与地之间保持一定的距离，以利通风、散热、防潮和检查。每个货垛都应放置适量的防虫、防鼠药物。露天保管时，垛位距离地面要高一些，货垛四周设排水沟，并做好防雨措施。

在库存期间要加强管理，经常检查，一般每月检查2～3次。发现问题时，要及时采取相应的措施，以减少损失。

三、兔肉的初加工技术

（一）兔肉的营养价值

兔肉作为一种优良的畜肉，它的营养特点可归纳为"三高三低"，"三高"指的是高蛋白质、高赖氨酸、高消化率；"三低"指的是低脂肪、低胆固醇和低热量,属于营养保健食品,有着悠久的食用历史。我国兔肉总产量居世界首位,全世界兔肉总量200万吨左右,中国40.9万吨、几乎占世界兔肉总产量的20%。健康、减肥风行的时代,兔肉的营养和保健作用满足了不同人群对于食物的特殊营养需求。兔肉与其他肉类营养价值对比见表7-1。

表7-1 主要畜禽肉营养成分对比

类 别	粗蛋白质(%)	脂 肪(%)	赖氨酸(%)	胆固醇(%)	烟酸(毫克/100克)	消化率(%)	热 量(千焦/100克)	无机盐(%)
兔 肉	21.37	8.0	9.6	65	12.8	85	677.16	1.52
鸡 肉	18.60	14.9	8.4	79	5.6	50	518.32	0.96
牛 肉	17.40	25.1	8.0	106	4.2	55	1258.18	0.92
羊 肉	16.35	19.4	8.7	70	4.8	68	1099.34	1.19
猪 肉	15.54	26.7	3.7	126	4.1	75	1287.44	1.10

(二)鲜兔肉的加工

鲜肉是易腐败食品,处理不当,就会变质。肉类及其制品的腐败变质主要由以下3种因素引起:微生物污染及生长繁殖,脂肪氧化酸败,肌红蛋白的气体变色。这3种因素相乘作用如微生物的繁殖会促进油脂氧化和肌红蛋白变色。为了延长兔肉的保鲜,不仅要改善原料肉的卫生状况,而且要采取控制措施,阻止微生物生长繁殖。为达此目的,或直接改变肉的物理化学特性(如干制、腌制),或控制肉的贮存条件。

1. 冷却保鲜 冷却保鲜是常用的肉和肉制品保存方法之一。这种方法将肉品冷却到0℃左右,并在此温度下进行短期贮藏。由于冷却保存耗能少,投资较低,适宜于保存在短期内加工的肉类和不宜冻藏的肉制品。

(1)肉的冷却 刚屠宰完的胴体,其温度一般 38℃～41℃。冷却肉的目的就是使肉的温度迅速下降,使微生物在肉表面的生长繁殖减弱到最低程度,并在肉的表面形成一层皮膜,减弱酶的活性,延缓肉的成熟时间,减少肉内水分蒸发,延长肉的保存时间。肉的冷却是肉的冻结过程的准备阶段。

肉冷却方式有空气冷却、水冷却、冰冷却和真空冷却等。我国主要采用空气冷却法,即通过各种类型的冷却设备,使室内温度保持在 0℃～4℃。冷却时间决定于冷却室温度、湿度和空气流速,以及胴体大小、肥度、数量、胴体初温和终温等。

(2)冷却肉的贮藏 经过冷却的肉类,一般存放在－1℃～1℃的冷藏间(或排酸库),一方面可以完成肉的成熟(或排酸),另一方面可以达到短期贮藏的目的。冷藏期间温度要保持相对稳定。进肉或出肉时温度不得超过 3℃,空气相对湿度保持在 90％左右,空气流速保持自然循环。冷却肉在贮存过程中脂肪的氧化程度直接决定着冷却肉的感官品质。导致脂类氧化的最主要的因素是肌内多不饱和脂肪酸的水平,而相比于其他肉类,兔肉的不饱和脂肪酸含量比较高,更容易脂肪氧化。快速冷却的脂肪氧化作用显著低于常规冷却。

(3)冷却肉的冻结 在不同的低温条件下,兔肉的冻结程度是不同的,通常新鲜兔肉中的水分在－0.5℃～－1℃开始冻结、－10℃～－15℃时完成冻结。速冻时间一般不超过 72 小时,测试肉温度达－15℃时即可转入冷藏。为加快降温,采用开箱速冻法,使原先要 72 小时速冻压缩到 36 小时,既节电,又可提高冷冻兔肉品质。

肉类的冷冻方法多采用空气冷冻法、板式冻结法和浸渍冻结法。其中,空气冻结法最为常用。根据空气所处的状态和流速不同,又分为静止空气冻结法和鼓风冻结法。

①静止空气冻结法 这种冻结方法是把食品放入−10℃～30℃的冻结室内,利用静止冷空气进行冻结。

②鼓风冻结法 工业生产上普遍使用的方法是在冻结室或隧道内安装鼓风设备,强制空气流动,加快冷冻速度。鼓风冻结法常用的工艺条件是:空气流速一般为2～10米/秒,冷空气温度为−25℃～4℃,空气相对湿度90%左右。

③板式冻结法 这种方法是把薄片状食品(如肉排、肉饼)装盘或直接与冻结室中的金属板架接触,冻结室一般温度为−10℃～−30℃。由于金属板直接作为蒸发器,传递热量,冻结速度比静止空气冻结法快,传热效率高,食品干耗少。

④液体冻结法 一般常用液氮、食盐溶液、甘油、甘油醇和丙烯醇等。注意食盐水常引起金属槽和设备腐蚀。

2. 兔肉的冻藏 冻肉冷藏的主要目的是为了阻止冻肉的各种变化,以达到长期贮藏的目的。冻肉品质的变化不仅与肉的状态、冻结工艺有关,还与冻藏工艺也有密切的关系。温度、相对湿度和空气流速是决定贮藏期和冻肉质量的重要因素。

冻藏间的温度一般保持在−18℃～−21℃,温度波动不超过±1℃,冻结肉的中心温度保持在−15℃以下。为减少干耗,冻结间空气相对湿度保持在95%～98%。空气流速采用自然循环即可。冻肉在冷藏室内的堆放方式也很重要。对于胴体肉,可堆叠成约3米高的肉垛,周围空气流畅,避免胴体直接与墙壁和地面接触。对于箱装的塑料袋小包装分割肉,堆放时也要保持周围有流动空气。兔肉在−18℃～23℃,空气相对湿度90%～95%条件下可贮藏4～6个月。生产实践中要根据肉的形状、大小、包装方式、肉的质量、污染程度以及生产需要等,采取适宜的解冻方法。

3. 辐射保鲜 食品辐射保藏就是利用原子能射线的辐射能量对新鲜肉类及其制品、粮食、果蔬等进行杀菌、杀虫、抑制发芽、延迟后熟等处理,从而可以最大限度地减少食品的损失,使食品在一定期限内不腐败变质,延长食品的保藏期。

食品辐射是一种冷杀菌处理方法,食品内部不会升温,所以这项技术能最大限度地减少食品的品质和风味损失,防止食品腐败变质,从而达到延长保存期的目的。辐射保鲜的基本工艺流程为:前处理→包装→辐射及质量控制→质检→运输→保存。

(1)前处理 辐射保藏的原料肉必须新鲜、优质、卫生条件好,要求质量合格,原始含菌量、含虫量低。

(2)包装 屠宰后的胴体必须剔骨,去掉不可食部分,然后进行包装。包装的目的是避免辐射过程中的二次污染,便于贮藏、运输,包装可采用真空包装或充入氮气包装。

(3)辐照 常用辐射源有 60Co、137CS 和电子加速器三种,60Co 辐射源释放的 γ 射线穿透力强,设备较简单,因而多用于肉品辐照。

(4)辐照质量控制 这是确保辐照加工工艺完成的不可缺少的措施。影响辐照效果的因素很多,辐照剂量起决定作用,照射剂量大,杀菌效果好,保存时间长。此外,还有原料肉的状态、化学制剂的添加及辐照后保存方法等对辐照效果都有很大影响。

辐射对蛋白质、脂肪、碳水化合物、一些微量元素和矿物质影响非常小,但是,某些维生素对辐射较敏感。由辐射引起的维生素损失量受辐射剂量、温度、氧的存在和食品类型等因素影响。采取一些保护措施,如真空包装、低温照射或贮存等,可以有效地减少损失。

4. 肉的真空保鲜 真空包装是指除去包装袋内的空气,经过密封,使包装袋内的食品与外界隔绝。在真空状态下,好气性微生物的生长减缓或受到抑制,减少了蛋白质的降解和脂肪的氧化腐败。经过真空包装,会使乳酸菌和厌气菌增殖,使 pH 值降低至 5.6~5.8,近一步抑制了其他菌,因而延长了产品的贮存期。真空包装材料要求阻气性强、遮光性好、机械性能高。

5. 肉的气调包装 气调包装是指在密封性能好的材料中装入食品,然后注入特殊的气体或气体混合物(氧气、氮气、二氧化碳),密封,使食品与外界隔绝,从而抑制微生物生长,抑制酶促腐败,从而达到延长货架期的目的。气泡包装可使鲜肉保持良好色泽,减少肉汁渗出。

6. 肉的化学贮藏 肉的化学贮藏主要是利用化学合成的防腐剂和抗氧化剂应用于鲜肉和肉制品的保鲜防腐,与其他贮藏手段相结合,发挥着重要的作用。常用的这类物质包括:有机酸及其盐类(山梨酸及其钾盐、苯甲酸及其钠盐、乳酸及其钠盐、双乙酸钠、脱氢酸钠及其钠盐、对羟基苯甲酯类等)、脂溶性抗氧化剂(丁基羟基茴香醚 BHA、二丁基羟基甲苯 BHT、特丁基对苯二酚 TBHQ、没食子酸丙酯 PG)和水溶性抗氧化剂(抗坏血酸及其盐类)。

7. 天然物质用于肉类保鲜 α-生育酚、茶多酚、水溶性迷迭香提取物、黄酮类物质等具有防腐和抗氧化性能的天然物质在肉类防腐保鲜方面的研究方兴未艾,代表着今后的发展方向。

参考文献

[1]　谷子林.獭兔养殖解疑 300 问[M].北京:中国农业出版社,2006.

[2]　谷子林主编.獭兔标准化生产技术[M].北京:金盾出版社,2010.

[3]　张玉主编.獭兔养殖大全[M].北京:中国农业出版社,2010.

[4]　吴淑琴主编.农业专家大讲堂系列——獭兔规模化养殖技术一本通[M],北京:化学工业出版社,2014.

[5]　陈成功主编.图说高效养獭兔关键技术[M].北京:金盾出版社,2009.

[6]　陈宗刚主编,獭兔的标准化养殖与繁殖技术问答[M].北京:科技文献出版社,2012.

[7]　杨凤主编.动物营养学.第二版[M].北京:中国农业出版社,2002.

[8]　谷子林主编.现代獭兔生产[M].石家庄:河北科技出版社,2001.

[9]　谷子林,薛家宾主编.现代养兔实用百科全书[M].北京:中国农业出版社,2006.

[10]　谷子林,任克良主编.中国家兔产业化[M].北京:金盾出版社,2010.

[11]　谷子林,秦应和,任克良主编.中国养兔学[M].北京:

中国农业出版社,2013.

[12] 谷子林,于会民主编.獭兔养殖技术问答[M].石家庄：河北科技出版社,2013.

[13] 李福昌,张凤祥.无公害獭兔标准化生产[M].北京：中国农业出版社,2006.

[14] 徐汉涛.高效益养兔法.第三版[M].北京：中国农业出版社,2005.

[15] 任克良.现代獭兔养殖大全[M].太原：山西科学技术出版社,2002.

[16] 王丽哲.兔产品加工新技术[M].北京：中国农业出版社,2002.

[17] 李再勇.精准扶贫共享发展[J].理论视野,2015(12)：31-34.

[18] 李鹍.论精准扶贫的理论意涵实践经验与路径优化[J].山西农业大学学报(社会科学版),14(8)：810-816.

[19] 彭春凝.当前我国农村精准扶贫的路径选择研究[J].农村经济,2015(5)：91-95.

[20] 陈全功,程蹊.精准扶贫的四个重点问题及对策探究[J].理论月刊,2016(6)：5-8.

[21] 郑瑞强.精准扶贫的政策内蕴、关键问题与政策走向[J].内蒙古社会科学(汉文版),2016,37(3)：1-5.

[22] 王欣.精准扶贫的重要意义及实施对策[J].农业科技与装备,2015(12)：65-69.